乌合之众

[法]古斯塔夫·勒庞　著
Gustave Le Bon

徐苑琳　译

中国科学技术出版社
·北　京·

图书在版编目（CIP）数据

乌合之众 /（法）古斯塔夫·勒庞著；徐苑琳译 . -- 北京：中国科学技术出版社，2022.7（2025.8 重印）

书名原文：The Crowd: A Study of the Popular Mind

ISBN 978-7-5046-9608-3

Ⅰ . ①乌…　Ⅱ . ①古…②徐…　Ⅲ . ①群众心理学
Ⅳ . ① C912.64

中国版本图书馆 CIP 数据核字（2022）第 076560 号

策划编辑	申永刚　方　理
责任编辑	申永刚
封面设计	今亮后声
版式设计	蚂蚁设计
责任校对	邓雪梅
责任印制	李晓霖

出　　版	中国科学技术出版社
发　　行	中国科学技术出版社有限公司发行部
地　　址	北京市海淀区中关村南大街 16 号
邮　　编	100081
发行电话	010-62173865
传　　真	010-62173081
网　　址	http://www.cspbooks.com.cn

开　　本	889mm × 1194mm　1/32
字　　数	116 千字
印　　张	6.375
版　　次	2022 年 7 月第 1 版
印　　次	2025 年 8 月第 3 次印刷
印　　刷	北京盛通印刷股份有限公司
书　　号	ISBN 978-7-5046-9608-3/C · 197
定　　价	58.00 元

序

以下的工作将致力于对群体特征的研究。

一个种族中的个体都会有某些共同特征，这是遗传作用的结果。把这些特征汇聚在一起便构成了一个种族的独特气质。然而，当很多这样的个体为了采取某个行动而聚集在一起，形成一个群体时，我们会发现，他们除了具有共同的种族特征之外，还具有一些新的心理特征，这些特征与前者有时大不相同。

组织化群体历来是人类生活中非常重要的一部分，但它从来没有像现在这么重要过。当前这个时代最主要的一个特征就是，个人的有意识行为渐渐消失，取而代之的是群体的无意识。

在群体这一棘手问题上，我将以纯科学方式进行考察，也就是说，只着眼于方法上的考虑，而不受任何意见、理论和教条的束缚。我认为，要发现某些真理，这是唯一的方式，特别是当讨论的问题如这般众说纷纭时。一位致力于解释某种现象的科学家通常不会考虑自己的论述是否会损害别人的利益。杰出思想家阿尔维耶拉在最近出版的一部著作中指出，我不属于当代的任何一个学派，但我的结论有时和其他所有派别对立。我希望这部新作品将得到类似赞誉。属于一个学派，必然会赞成它的偏见和某些先入为主的观念。

但我还是应该向读者解释一下，为什么我的结论乍看起来会让人难以承受。比如，为什么我断言，群体（包括杰出人士所组成的群体）的智力水平很低劣，但去干涉这样的组织是非常危险的？

原因就在于，对历史事实进行的最细致的观察无一例外表明，社会组织就像一切生命有机体一样复杂，我们暂时没有足够的智力让它们在短时间内发生深刻的变革。有时，大自然会采取一些激烈的手段来改变生命有机体，却从不采取我们人类所采取的方式，可见，对于一个民族来说，没有什么比对重大变革的热情更加危险的了，不论从理论上看这些变革有多出色。除非变革能立即给民族气质带来变化，它才算得上有效。但只有时间才具备这样的能力。在本性的引导下，人们通常会受各种思想、情感和习惯的影响。制度和法律不过是我们性格的外在表现，反映了我们自身性格的需要。它们是人类性格的产物，无法改变我们的性格。

对社会现象的研究，必须与对于产生这些现象的民族的研究联系起来。从哲学角度考虑，这些社会现象可能具有绝对价值；但是从实际出发，我们会发现，它们只有相对价值。

所以，在研究某种社会现象之前，我们先得分清顺序，从两个不同的方面加以考虑。由此便能发现，单纯的理性教诲与实践型的理性教诲经常是截然对立的。事实上，这样的区分几乎适用于任何材料，连自然科学方面的材料也不例外。从绝对真理的角度看，任何一个立方体或圆，都是在一定法则严格定义下的永不改变的几何形状。而从印象的角度看，这些几何图形在我们眼中有着各不相同的形状。通过透视，立方体能变成锥形或方形，而圆可以变成椭圆或直线。对于观察者而言，这些虚幻的形状远比它们的真实形状要重要得多，因为它们才是我们真正看到的形状，也只有它们才是我们能够用摄影或绘画再现的形状。在某些情况下，不真实的东西比真实的东西蕴含更多的真理。按照事物准确的几何形状来呈现它们，可能会歪曲其本质，使它变得难以辨认。试想，要是世人都只能复制或翻拍物体，却无法接触它们，那么人们如何对物体的形态有一个正确的看法？更重要的是，要是有关其形态的知识不能为大众所知，那它的存在又有什么意义呢？

研究社会现象的哲学家应当时刻谨记，除了理论价值，这些社会现象还有很大的实践价值，而只有后者才与文明的进步有关系，才是最重要的。认识到这个事实，他就会在面对起初逻辑强迫他接受那些结论的时候，以谨慎的态度去对待。

除此之外，还有一个原因会让他采取类似的态度。社会事实太过复杂，让人们不可能完全预知或了解它们相互影响后可能带来的后果。而且，在众多可见的事实背后，往往还隐藏着各种人们无法看见的原因。可见的社会现象很可能是在无意识机制的巨大作用下产生的结果，而这种无意识机制完全超出人的分析范围。形象地说，我们能够感觉到的现象好比是波浪，它不过是海洋深处湍流的表象，而对湍流的本质我们一无所知。

从精神层面看，群体的大多数行为具有一种独特的低劣性，但某些行为看似是某些神秘力量作用的结果，古人称为命运、自然或天意，而我则称为“逝者的声音”。尽管我们并不清楚它的本质，但依然不能忽视它那巨大的威力。很多时候，一个民族的内心深处仿佛潜藏着一股力量，在支配着他们。比如，世上没有什么东西比语言更复杂、更有逻辑性、更神奇，可是，除了用群体的无意识禀赋外，我们还能如何来解释人类会讲某种语言的现象？要知道，即便是最有学识的学者或最权威的语法学家，最多也只能发现支配某种语言的语法规律，却绝不可能创造这样的规律。即便是伟人的思想，我们真的敢断定那完全是他们头脑运转的产物吗？

毋庸置疑，这些思想确实是由独立的头脑创造出来的，但要是没有群体的禀赋为它提供无数必要的元素，它又怎么会有自己形成的土壤呢？

无疑，群体总是无意识的，但或许正是这种无意识造就了群体的强大威力。在自然界，众多生物仅仅在本能的驱使下，做出某些神奇而复杂的动作，让我们瞠目结舌。理性是较为晚近的人类才有的属性，它还很不完善，无法向我们揭示无意识背后蕴藏的规律，更别说取而代之。无意识在我们所有的行为中都扮演着重大角色，而理性所起的作用寥寥无几。作为一种仍不为人知的力量，无意识一直起着独特而巨大的作用。

如果我们不想陷入模糊的猜测与无用的假设，而只想在狭小可行的范围内以科学的方式获取知识，那么我们只需做一件事，即留心观察那些我们能观察到的社会现象，并集中精力对它们进行思考。从中获得的结论肯定是不成熟的，因为在所有我们能观察到的现象背后，还隐藏着一些我们只能隐约看到的现象，而在它们背后，也许还有许多我们根本无法看到的现象。

前言

群体的时代

当今时代的演变/文明的巨大变化是民族思想变化的结果/现代人对群体力量的信念/它改变了欧洲国家的传统政策/大众阶级的崛起是如何发生的，他们行使权力的方式/群体力量的必然结果/群体只能起破坏作用/给衰落文明的最后一击是群体的工作/对群体心理的普遍忽视/立法者和政治家研究群体心理的重要性。

文明发生变革之前，比如罗马帝国的衰亡或阿拉伯帝国的创建，社会出现剧烈动荡，乍看起来像是政治变化、外敌入侵或王朝倾覆所造成的结果。但是细致研究这些事件就会发现，在这些表面原因之下，隐藏着人们在思想上的深刻变化。历史上真正的大动荡，指的并不是那些轰轰烈烈、充斥暴力的事情。唯一能表明一种文明已改头换面的，是人们思想、观念和信仰上的变化。所有令人难忘的历史事件，不过是人类思想悄无声息地改变后的可见后果。这种重大事件少有出现，因为人类世代相传的思维结构是一个种族最稳定的因素。

目前[①]我们所处的便是这样一个人类思想正在转型的关键时代。导致这种转型发生的基本因素有两个。一个是宗教信仰、政治信仰和社会信仰的毁灭，而它们本是人类文明的一切要素赖以建立的基础。另一个则是现代科学和工业的各种新发现，它们为人类创造了一种全新的生存和思维环境。

尽管过去的观念早已残缺破败，却依然具有非常强大的力量，即将取代它们的观念还在形成的过程之中，当前的时代正处于群龙无首的过渡状态。

显然，这样的时代是有些混乱的，那么，它最终会变成什么样子？目前还无法断言。在这个社会之后诞生的新社会，将建立在哪些观念的基础上？我们仍无从知晓。但可以肯定的是，不管未来的社会架构在什么样的观念和路线上，它都必然会考虑到一股新的力量，即最终会存活下来的当代最无敌的力量：群体的力量。许多曾被认为理所当然的观念，如今已经衰亡或正在衰亡；许多曾经不可一世的权力源

① 指的是此书最早的成书年代，此书首次出版于 1895 年。——编者注

头，被接二连三的革命所摧毁。而在它们的废墟上崛起的唯一力量，注定会吸收它们的力量。当悠久的信仰日渐崩塌消亡，当所有的古老社会柱石都倒下，唯有群体的力量硕果仅存，无与伦比，而且随着时间的推移，它的声势还会不断壮大。我们即将进入的，就是一个群体的时代。

一个世纪前，欧洲各国的传统政策和君主之间的对抗，构成了各种事件的主要原因。民众的意见起不了多大作用，甚至不起任何作用。但如今不一样了，不起作用的变成了过往通常得到认可的政治传统、统治者的个人倾向，以及相互之间的对抗。而群众的声音占据了绝对优势。这个声音告知君主群众的决定，君主必须唯命是从。如今，能决定各民族命运的是群众的心声，而不是君王们在国务会议上做出的某项决定。

社会各阶层的民众正在不断融入政治生活中，事实上，他们已日渐变成了统治阶层。而这，正是我们这个过渡时代最引人注目的特点。与我们可能设想的不同，普选权的实施，并非这个政治权力转移过程的最显著特征，因为普选权实施后的很长一段时间里，并没有产生多大的影响。群体力量的不断壮大，首先是通过一些观念的传播并逐渐深入人心，随后是通过人们的联合，将理论观念转变为现实。通过联合，群体领悟到一些同他们的利益（即便这些利益并不完全正当，却有非常明确的界限）密切相关的观念，并最终意识到了群体的力量。他们建立起各种联合会，让各个政权在其面前俯首称臣。他们还成立了工会，完全不顾经济规律的支配作用，试图掌控劳动与工资。他们涌向政府议会，议员们极度缺乏自主和独立性，多数情况下不过是选出他们的委员会的传声筒罢了。

今天，群众的要求日益明确，似乎要把眼前的社会彻底摧毁，回归到原始共产主义，文明出现曙光之前全人类团体的正常状态。限制劳动时间，把矿山、铁路、工厂和土地全都国有化，平均分配全部产品，为了大众阶级而消灭所有上层阶级，等等，这就是他们的诉求。

群体并不擅长推理，相反，他们总急于采取行动。他们现在的组织给了他们无穷的力量。我们会目睹诞生出来的那些教条即将具有旧式教条的威力，也就是说，有着不容探讨的专横力量。以往国王至高无上的神权已被群众的心声所取代。

那些喜欢资产阶级趣味，能最好地反映资产阶级偏狭的思想、一成不变的观点、肤浅的怀疑主义及自私自利的作家，看到这种新生势力一直不断地壮大，深感讶异和恐惧。为了对抗这种思想上的混乱，他们不得不求助于以往嗤之以鼻的教会的道德力量。他们孜孜不倦地谈论着科学的破产，满心忏悔地转向罗马教廷，不断提醒人们要谨记启示性真理的教诲。可是这些新的皈依者完全忘了，三更已过，为时已晚。事实上，就算他们真的被神祇打动了，类似的事情也不太可能发生在那些对他们所关注事务毫不在意的人身上。今天的群体，已经抛弃了他们的统治者昨天所抛弃的神灵。不管是神界还是人间，没有什么力量能让河水倒流。

科学并没有破产。如今精神上的无政府状态，以及在这种无政府状态中兴起的新势力，与科学无关。科学承诺给我们真理，或至少是在我们的智力范围内能掌握的各种知识，但它从未承诺和平与幸福。它全然不顾我们的感受，也完全不管我们的哀怨。我们只能和科学生活在一起，因为没有任何力量能够恢复被它摧毁的幻觉。

在所有国家中，我们都能看到群体势力不断壮大的普遍信号，这种信号对我们的设想——不断壮大的群体势力不久之后一定会停止增长——置之不理。无论命运是好是坏，我们都只能接受。所有反对它的理智分析，都是徒劳无功。群体势力的出现很可能标志着西方文明发展到最后一个阶段，将完全倒退到无政府时期的混乱。这是一个新社会诞生前的必然过程。谁又能阻止这样的发展进程呢？

迄今为止，群体最明确的使命莫过于彻底摧毁一个破败的文明。显然，这不是今天才有的迹象。历史表明，当能支撑文明建立的道德因素失去效力时，最终让它解体的总是无意识的野蛮群体，他们被无情地称为野蛮人。历来创造和领导文明的不是群体，而是少数知识贵族。群体只有强大的破坏力。他们永恒不变的规律是回到野蛮状态。文明包括固定的规则、典章制度、从本能状态进化到理性状态、对未来的预期、文化的高程度——所有这些，仅靠群体都是无法做到的。由于群体的力量带有单纯的破坏性，他们的作用有类于化解尸体的细菌。当文明的结构摇摇欲坠，最后一击让它轰然倒塌的总是群体。在这个时刻，群体的主要使命清晰可见，少数服从多数的原则似乎成了唯一的历史法则。

我们的文明也会有同样的命运吗？这种担心并不是庸人自扰，但是我们现在仍无法做出肯定回答。

不管怎样，我们注定得服从群体的力量，因为群体的目光短浅，他们会竭尽全力清除一切让他们守规矩的障碍。

我们对这些正日益成为热门话题的群体并不是很了解。专业的心理学研究者所知道的也不会比我们更多，因为他们的生活与群体相距甚远，对群体视而不见，即使后来把注意力转向群体，也只局限于对犯罪群体的研究。无疑，犯罪群体是存在的，但我们也常遇到高尚的群体、英勇的群体和其他各种类型的群体。群体犯罪不过是一种特殊的心理表现罢了。不能仅仅用群体的犯罪心理来判定群体的精神构成，就好比不能用描述一个罪犯的词语来描述所有人一样。

但事实上，世上所有的领袖，所有宗教和帝国的建立者、宗教使徒和杰出政治家，无不是不自觉的心理学家，就连一个小团伙里的一个小头目也不例外。他们往往凭着自己的本能去认识群体的性格，并且这样的认识非常可靠。正因为如此，他们能轻而易举地确立自己的领导地位。拿破仑就有这样非凡的洞察力，他深谙自己治理国家的民众心理，但有时也会出现对某些种族的群体心理一无所知的情况。[①]正是出于这样的无知，他在征讨西班牙和俄罗斯，特别是后者的过程中，遭到了致命的军事打击，以致快速倒台。如今，支配群体已经日益变得棘手，但对于那些不想过分受群体支配的政治家来说，群体心理学的知识是他们最后可以利用的资源了。

只有了解了关于群体心理的知识，我们才会知道，法律和制度对他们的作用甚微；除了接受外界强加的各种意见以外，他们没有任何自己的意见。若想引导他们，不能用基于纯粹平等理论的规则，而是要寻找那些能让他们心动、能够诱惑他们的东西。例如，一个想要实行新税制的立法者，应

① 而且，他最高明的顾问们也同样不理解这种心理。塔列朗在给他的信中写道：“西班牙人将把法国士兵当作解放者来迎接。”但实际上他们把法国士兵视为洪水猛兽。一个熟悉西班牙种族遗传本能的心理学家会很容易预见到这种态度。

该采取理论上最公正的方式吗？答案是否定的。事实上，在群体看来，最不公正的也许是最好的。如果它看起来最不起眼，又明显显得负担最小，那就是最易于被群众容忍的方法。正因为如此，再高的间接税，群体也能接受，因为要人们每天为自己的日常消费品支付一点税金，这丝毫不会干扰他们的生活习惯，可以在不知不觉中进行下去。而若是根据工资或一切其他收入征收比例税，一次性付出一大笔钱，即便从理论上来说，这种税制下所缴纳的税收仅为其他方法的十分之一，也仍然会引起无数的抗议。事实上，这笔较大数目的钱取代了平时感受不到的零星税金，只不过是一次性的，所以数目会显得比较大，刺激人们的想象力。把人们平时一点一点支付的税金加起来，就会发现新税不重。这种经济手段是目光长远的表现，却恰恰是群体无法做到的。

这是一个非常简单的例子。人们从中可以很容易地理解群体心理学的实用性。而它也没能逃过拿破仑这位心理学家的火眼金睛。可是，在现代，我们的立法者却对群体的特点一无所知，以致无法理解这一点。哪怕他们具有丰富的经验，也没能意识到：人向来不是依据纯粹的理性教导来采取行动的。

除此之外，群体心理学还有众多其他的实际用途。精通了这门学科，就能准确地解释大量历史现象和经济现象；而脱离它，我们将对其一筹莫展。我将借此机会向大家证明，最杰出的现代史学家泰纳，之所以不能准确而全面地理解法国大革命中的事件，是因为他从不曾研究群体的禀性。在研究那个非常复杂的时代的过程中，他采用了与自然科学家同样的描述方法，作为自己的研究指南。殊不知，自然科学家研究的所有现象，都几乎不存在任何道德因素。可是，构成历史真正主脉的恰恰是这些因素。

因此，单从实践的角度来看，群体心理是非常值得研究的。即便是纯粹出于好奇，也值得给予足够的关注。事实上，破解人类的行为动机就像确定一种矿物或植物的属性一样，是非常有意思的事情。我对群体禀性的研究只是一种概述，即简单地总结一下我们的研究。除了一点建议性的观点之外，我并没有表达更深刻的观点。将来别人会为它打下更牢固的基础。目前，我只不过是刚走进一片处女地而已。

目录

第一卷

群体的心理

第一章
群体的一般特征

从心理学角度来看，什么构成了一个群体/众多人聚集在一起不见得就是群体/心理群体的独有特征/群体中个人固有的思想和情感的变化，以及个性的消失/群体总是被无意识因素所支配/智力的下降和情感的完全转变/转变的情感可能比组成群体的个人的情感更好或更坏/群体容易做出英雄壮举，也容易犯下罪行。

一般认为，所谓群体，指的是许多人聚集在一起的情况。不管他们来自哪个国家，属于哪个民族；不管他们的职业、年龄与性别；也不管他们因为什么事情而聚集在一起，总之，只要他们在一起，就组成了一个群体。

但在心理学角度看来，“群体”一词有着截然不同的含义。在一定的条件下，并且只有在这些条件下，一群聚集在一起的人表现出一些他们作为独立个体时没有的特点。当人们聚集在一起形成群体时，他们的情感与思想趋于一致，有意识的个性暂时消失。集体思想形成了，虽然无疑是暂时的，但具有非常明确的特性。这时候，他们就形成了我所说的——考虑到暂时没有更好的说法——组织化群体，或者，有人也许喜欢另一个说法，心理学群体。这种组织化群体成为一个独立的存在体，受群体精神统一性支配。

显然，一群人偶然聚集在同一个地方，这一事实并不足以构成一个组织化群体。从心理学角度看，就算一千个人偶然出现在同一个地方，如果他们没有明确一致的目标，也不能称之为群体。要想具备组织化群体的独有特征，前提条件是受到某些诱发因素的影响，我们将在后面定义这些诱发因素的性质。

一群人变成一个组织化群体的首要特征主要有两点：一是个体有意识个性的消失，二是个体的情感与思想都转到一个明确的方向。这并不总是意味着他们需要同时出现在某一个场合。在某些时刻，由于某些激烈情感的影响，比如一个重大的国家事件，许多分散的个体会获得心理学群体的一些特征。这种情况下，一个火星就会使他们联合起来采取行动，从而表现出前述组织化群体所独有的特征。有时候，五六个人就可能形成一个组织化群体；而有时候，成千上万的人偶然聚集在一起，却不能构成这样的群体。另一方面，尽管我们不会看到整个民族同时聚集在一个场合，但在某些情况下，他们也可能成为一个组织化群体。

组织化群体形成之后，就具有一些暂时而鲜明的普遍性特征。除此之外，各个组织化群体还具有自己独有的特征。这些特征因为构成群体的要素的不同而不同，可以改变它的精神结构。

因此，对组织化群体进行分类并不难。当我们对这个问题深入研究，不难发现，异质性群体（即构成要素不相同的群体）与同质性群体（即构成要素如派别、身份或阶级等大致相同的群体）之间既有共通性，也有不同之处，后者将两类群体区分开来。

在研究不同类型的组织化群体之前，我们必须首先了解一下他们的共性。对此，我将采取博物学家研究问题的方式：首先研究一个科的所有成员共有的一般特征，再研究科下所包括的各属、种的特殊特征。

要对群体心理做一个准确无误的描述并不是一件简单的事，因为群体心理不但会随着种族和构成要素的不同而不同，也会因刺激群体的事件的本质和强度不同而有差别。这个难题，在研究个体心理学的过程中同样会遇到。只有在小说中，个体才会有终身一成不变的性格。环境的完全一致，才会造成明显单一的性格。我也曾在其他地方提到过：所有精神结构都包含着各种性格的可能性，而环境的突变则让这种可能性表现出来。如此，我们就不难理解，为什么法国国民公会中那些最残忍的成员，原本却是温和无害的公民。在正常环境下，他们是平和的公证人，或是善良的官员。在大革命的暴风雨过去之后，他们又都恢复了风暴前的谨小慎微与遵纪守法，拿破仑就是在这样的人中找到他最恭顺的臣民的。

在这里，我没法研究处在各种组织程度的群体，所以，我将集中精力研究那些已经达到完全组织化阶段的群体。这样一来，我们会看到群体将变成什么样子，而不是看到他们一成不变的样子。只有在这种已经达到高级阶段的组织化群体身上，某些新的、特殊的特征才会叠加在种族那些不变的、占主导地位的特征上。之后，整个群体的情感和思想会集体朝着一个明确的方向转变。也只有在这个时候，前面我所说的群体精神统一性的心理学规律才会开始发挥作用。

在群体的所有心理特征中，有些特征可能与个体所具有的特征完全相同，有些特征则相反，完全为群体所特有，并且只能在群体中看到。后者正是我首先要研究的群体特征，以揭示其重要性。

一个组织化群体表现出来的最让人震惊的特点在于：构成这个群体的成员，不管他们是谁，也不管他们的生活方式、职业、性别、智商是否相同，只要他们构成一个群体，就具备了某种集体心理。这种心理让他们的情感、思维和行为与他们作为独立个体时完全不同。有的思想和情感在个体身上根本就不会形成，更遑论付诸行动，只有在他们聚集在一起构成群体时才会出现。组织化群体是一个由异质要素在某个时间点联合起来构成的暂时存在体，就像很多细胞结合成的生命体，会表现出与单个细胞完全不一样的特点。

让人惊奇的是，与敏锐的哲学家赫伯特·斯宾塞的观点截然相反，在形成一个群体的人中，不存在构成要素的总和或他们的平均值。实际情况是：联合会产生某些新特征，正像某些化学元素（如酸和碱）发生化学反应后生成新物质，与生成它的那些元素的特征截然不同。

要证明构成群体的个体不同于独立的个体，并不难。但若想找出造成这种差别的原因，就有一定的难度了。

假如一定要探究缘由，首先我们应当谨记现代心理学的一个真理：不论是在有机体的实际生活中，还是在其智力活动中，无意识都起着决定性的作用。在我们的精神生活中，相比无意识，意识所发挥的作用是微不足道的。即便最细心的分析家、最敏锐的观察家，也只能找到少许主导人类行为的无意识动机。我们的有意识行为，是无意识深层心理结构的产物，而这种心理结构是在遗传因素的影响下形成的。这个深层心理结构包含无数世代相传的共同特征，构成了这个生物种族的先天秉性。毫无疑问，在我们的行为的公开原因背后，常常隐藏着某些不公开的秘密原因。但在这些秘密原因的背后，还有更多被我们忽略的更秘密的原因。

我们的大部分日常行为都是隐藏动机的结果，而这些动机往往是我们无法观察到的。尤其是那些构成一个种族先天秉性、世代相传的无意识，让所有属于这个种族的个体彼此相像。他们的不同主要体现在性格的有意识因素方面，而这是教育，更主要的是特殊的遗传因素所致。在智力方面最不同的人，却拥有非常相似的本能、激情和感觉。在一切有关情感的事情上，如宗教信仰、政治观点、道德评价和个人喜恶等，即便最杰出的人，也难以比一般人更高明。在智力上，鞋匠和数学家之间可能有无法逾越的鸿沟，但在性格上，他们可能没有任何差别。

在种族中，几乎所有个体都深受人类无意识因素支配。这种由无意识统领的普遍的性格品质，种族中的大多数正常个体都拥有。在集体心理中，个人的智力和能力被削弱，个性也被削弱。异质性完全被同质性所吞噬，无意识的特质占了上风。

群体拥有一些共同的平庸特质，这一事实解释了为何群体无法完成对智力要求较高的工作。比如，通常情况下，碰到有关群体普遍利益的难题，由才智卓著人士组成的议会所做出的决定并不会比一群平庸之辈聚集在一起做出的决定要明智，尽管这些杰出人士可能是各行各业的专家或学者。事实是，在群体意识的指导下，他们也只能用普通人天生的一般才智去解决眼前的问题。在群体中，累加的不是智慧，而是愚蠢。人们经常说，整个世界加起来要比伏尔泰更聪明。但其实，如果我们把“整个世界”当作一个群体的话，伏尔泰一定比它更聪明。

如果构成群体的个体只是把他们的普通特质累加在一起，最终表现出低下与平庸的智力，那么，最初我们所提到的群体全新而独特的特点又从何而来？这就是我要回答的问题。

群体具有独立个体所不具备的特点，这种现象是由不同原因共同造成的。第一个原因是：本能的欲望。仅仅由于数量，加入群体的个体会感觉到一股不可阻挡的力量，这种力量感会让他顺从自己本能的欲望，而在他作为独立个体时，是需要控制这种本能的。当他属于群体时，因为群体无名无姓，即便无限纵容自己的本能欲望，也不需要承担任何责任。于是，曾一直约束着个人的责任感就全然不见了。而群体得到的，则是最为原始的本能欲望的宣泄。

第二个原因是：传染的力量，这一原因决定着群体特征及其发展方向。在群体中，传染是一种常见却又难以解释清楚的现象。它可能与我们下面要研究的催眠现象有关系。在群体中，任何一种情感和行为都是具有传染性的，都可以让群体中的个体随时准备为群体利益而放弃个人利益。显然，这是与个人的天性截然对立的倾向。要是他没有成为群体中的一员，他不会如此。一个被群体情感和行为传染的人，他的行为容易听凭群体力量的主宰，这时候他的内心会油然升起一种悲怆的情感，让他与往常的自己截然不同。但是，并不是每个人都必然会被群体的情感和行为所传染。如果他没有感受到群体的情感和行为，那么他就可能会沦为群体情感和行为的敌人。而被传染了的个人则会听凭群体意志的驱使，尽心竭力，直到所属的群体不断分化乃至完全解散，这种被传染的情感和行为才会停止或消失。

第三个也是最重要的原因：暗示。它决定了群体中的个体具备的与独立个体不同的一些特征。前面所提到的传染作用，便是它所造成的结果。

要理解这种现象，我们需要谨记一些近代心理学的发现。如今我们已经清楚地知道，通过某些过程或方法，人可能陷入一种完全失去自我意识的状态，对致使自己失去个人意识的暗示者言听计从，做出一些同他本来的性格和行为习惯相矛盾的举动来。最细致的观察表明：当个体融入群体一段时间后，表面看来，可能没什么根本性变化，但随着时间的推移，他要么深受群体催眠作用的影响，要么受到某些自己也不清楚的原因的影响，进入了某种特殊的、类似于被催眠师催眠后的患者所处的无意识或迷幻的状态。这时候，患者的大脑完全被麻痹了，他停止了思维，也不会思考了，脊椎神经控制下的无意识主宰着他的全部情感和行为。这时候他彻底沦为了无意识活动的奴隶。有意识的自我人格荡然无存，原本明晰的意识力与辨别力也不复存在。他的情感与思想无不受催眠师的左右。

总的看来，组织化群体中的个体就处于这样的状态中。这时候，群体中的个体对自己的行为已经完全没有判断力与辨别力了，无论他在做什么或想什么，抑或他准备做什么，他都无法认知到，也无法自我控制。但也正如受到催眠的患者，一方面，个体的理智与自控能力遭到破坏，另一方面，个体的其他能力得到加强。在暗示的影响下，个体会以无法抗拒的激情和冲动，采取某些他们平常不会有，也难以想象的行动，以完成某项任务。如果说有什么力量比被催眠者的冲动更强大的话，那就是群体的冲动了，因为暗示会对群体中的所有个体起作用，这种作用会随着传染的力量不断地扩大自己的影响能力和范围。除非个体的个性强大到能够抵挡这种力量，否则根本无法让这种冲动平息下来。

事实上，这样的人寥寥无几。较之群体冲动的力量，他们的抵抗力量微不足道，也无济于事。充其量，他们只能用不同的暗示来改变群体力量作用的方向。有时，只需一句悦耳的话，或是一个能够适时唤醒群体的意象，就足以改变群体的行为，让他们表现出另外一副样子，比如由残忍转为温和。

如此看来，群体中的个体表现出来的新特点主要有四点：自我意识的消失；无意识人格的突出；在暗示和传染的作用下，思想和情感明确转向一个共同的方向；迅速将暗示转化为切实的行动，或表现出行动的倾向。这时候，有着明确身份与性格的个体已经消失了，他不再是原来的自己，已经完全沦为一个不再受自己意志控制的玩偶。

群体中的个体，单单就他成为一个组织化群体的成员这一事实来看，就已在人类文明的阶梯上倒退了好几步。当他独立存在且有自己的意志时，他可能是一个有教养、有素质的人；而一旦他成为群体中的一个有机组成部分时，便会立即退化为原始人——野蛮且无知。这时候，他的一切举动都源自其本能的要求与决定。本能让他变得像原始人一样，残暴、狂热、热情而英勇。还有一点与原始人更相似，那就是他心甘情愿地接受某种言辞和形象的蛊惑，而在他以独立的个体存在时，这些言辞根本起不到任何作用。群体中的个体常常会做出一些与自己利益和生活习惯相悖的事情来。他就像是空气中的一颗微尘，随风而飘，完全不受自己的支配。

因此，我们会看到，陪审团中的人会做出平常他们坚决反对的判决；而议会也会通过议员平常完全不可能赞成的法规。法国大革命时期，国民公会中每一个委员作为独立的个体时，都是性情温和的开明人士，但构成群体之后，便毫不犹豫地拥护最野蛮、最残暴的提议，并亲手将无辜的人送上了断头台。而且，他们还违背自己的利益，放弃自己势不可侵的权力，甚至对自己人大开杀戒。

除了行动上与本人原本的言行举止有根本差别以外，群体中的个体的思想和情感也与平时有很大差异。这种转变既深刻又彻底，因而会带给旁人一种精神上的震撼。比如，守财奴可能会变得挥霍无度，怀疑论者可能会变成某种宗教的最虔诚的信徒，诚实的人可能会变得谎话连篇，正直的人可能会变得凶神恶煞，而懦夫也可能会变得英勇无畏。1789年8月4日晚上，法国的贵族们在一时的激情和冲动驱使下，全体毅然决然地放弃了自己的特权。若要他们每个人独立思考这件事，是绝不会有人赞成这样的提案的。

从上面的讨论中，我们可以得出结论：在智力上，群体总是要低于构成群体的个体，因此，一切有关智力的问题，绝不能依靠群体去解决。但在情感和它所引发的行为上，群体可能比个体有力量得多，也可能不及个体有力量，这完全取决于群体所处的环境。在终极结果上，群体会有什么样的情感和行为，取决于群体所受到的暗示的性质。这正是仅从犯罪角度研究群体行为的人所忽略的。群体受到消极影响的时候，可能会走上集体犯罪的道路，犯下重重罪行，这是事实。但群体通常也是英雄主义壮举产生的地方。会为一种教义或观念而慨然就义的，通常不是个人，而是群体。因为群体比个人更可能满怀热情去追求某种荣誉，完全将生死置之度外。只有群体，才会像1793年的法国人那样，在反法同盟的猛烈攻击下，自愿入伍，誓死捍卫自己祖国。无疑，这是有点无意识的英雄主义，但正是它创造和改变了历史。如果人们只记录历史上那些本着冷静、理智行事的大事，那么这样的历史记录将会少之又少。

第二章

群体的情感与道德

（1）群体的冲动、多变与易怒。群体受外部一切激动人心的因素的支配，并反映出他们的不断变化。/群体极易受冲动摆布，甚至罔顾个人利益/群体没有预谋/种族影响。（2）群体容易被暗示和轻信。群体受暗示的摆布/群体会把头脑中激发出来的意象当成现实接受/为何群体中所有人心中的意象是一样的/受过教育的和无知的人在群体中没有区别/群体中的个人受幻觉支配的各种例子/用证据来说服群体是不可能的/目击证人的众口一致是一件事的最坏证据/历史作品的毫无价值。（3）群体情感的夸张和过于简单化。群体不承认怀疑或不确定，而且总是走极端/他们的情绪总是过度。（4）群体的不宽容、专横和保守。产生情绪的原因/群体在强大权威面前的奴性/群众暂时的革命本能并不妨碍他们极端保守/群体本能地敌视变化和进步。（5）群体的道德。根据指引他们采取行动的暗示，群体的道德可能高于或低于群体中个体的道德水平/解释和实例/个体被利益动机支配，但群体很少如此/群体的道德角色。

在大致研究了群体的主要特征之后，我们还需要对这些特征做更进一步的具体研究。

群体在情感上表现出来的某些特点，如冲动，暴躁，缺乏理性、辨别力与批判精神等，大抵在野蛮人和儿童等低级进化形态的生命体中也能看到。我在这里只是顺带一提，并不做明确论证。因为这对那些深谙原始人心理的人毫无意义，而对那些一无所知的人来说，也不足以让其信服。

下面，我将列举在大多数群体中都能看到的一些特征。

（1）群体的冲动、多变与易怒

在研究群体基本特征时，我曾说过，群体几乎完全受无意识动机的支配。他们的行为主要不是受大脑支配，而更多是在脊椎神经刺激下出现的本能反应。从这个意义上说，群体与原始人没有什么差别。

群体采取的行动，从执行层面来看，可能堪称完美。但由于群体中的个体不受头脑指挥，他们会根据偶然的刺激因素而行事。群体受到外界刺激事物的摆布，并反映出这些刺激物的各种变化。他们是外界刺激因素的奴隶。

能够刺激群体的因素，也能刺激独立的个体。但与群体中的个体不同，这时候他的大脑会告诉他：受冲动摆布是不明智的，也是不可取的。于是他会约束自己，以摆脱无意识动机的影响。用现代心理学的话来解释：独立的个体具有控制自己反应与行为的能力，而群体却没有这种能力。

根据所受到的刺激因素不同，群体兴奋和冲动的程度也会不同，表现得或豪爽，或残暴，或勇猛，或懦弱。但不管哪一种，这些兴奋和冲动都会趋于极端强烈，即使个人的切身利益乃至生命利益，在此面前也甘拜下风。

由于刺激群体的因素繁多，而群体又总是甘愿接受这些刺激的支配，因此群体是十分善变的。知道了这一点，我们就能理解，为什么群体能轻而易举地迅速从一个极端转变到另一个极端，比如由最凶残转变为最仁慈。事实上，群体既容易充当滥杀无辜的刽子手，也容易慷慨就义。为了某种信念，他们甘愿赴汤蹈火，即便血流成河也在所不惜。

要想了解群体的壮举，我们并不需要回溯英雄时代。他们在起义中从不吝惜自己的生命。不久前就上演了这一幕：一位突然成名的将军[①]，在法国轻而易举地找到成千上万愿意为其个人事业冲锋陷阵的人，只要他一声令下，他们就会

① 指布朗热将军。

心甘情愿地为之赴死。

因此，群体根本没有任何预谋。群体是极端情绪化和矛盾化的，即便是前后完全矛盾的思想或情感，也能对他们产生极大的刺激。不论如何，他们总是受当时当刻的刺激因素的影响。群体犹如狂风卷落的树叶，随风而起，也随风而落。后面研究革命群体时，我将列举一些事例来说明群体的善变性。

由于群体是善变的，他们难以被驾驭。特别是当群体掌握了一定的公共权力时，更是如此。如果不是日常生活必需品起到了某种隐性的调节作用的话，民主几乎不可能持久。不过，尽管群体的愿望是疯狂的，但他们并不持久。就像群体不擅长长久的思考一样，他们也不具备持久的意志。

群体不仅冲动、善变，而且和野蛮人一样，不肯承认自己的愿望与现实之间存在很多障碍。他们不能理解，现实中总会有很多事情或人来阻止他们实现自己的愿望，因为人数上的绝对优势让他们产生了无所不能的幻觉。在群体的成员中，“不可能”消失了。对于独立的个体而言，要他独自一人去宫殿纵火或洗劫一家商店，几乎是不可能的。即使偶尔会萌发这样的想法，他也会立即打消念头。可是，一旦他成为群体中一员，意识到数量所带来的力量，这时再受到暗示，就容易萌发杀人抢劫的念头，并会有立即付诸行动的冲动。这时候，即使再强大的障碍，也会为群体的狂暴摧毁。

如果人类机体能够保持持久的激情，那么我们可以说，一个愿望受阻的群体就正是处在这种狂热的状态中。

种族的基本特点构成了我们一切情感的不变源泉。它总是会影响群体的一般性特征，如冲动、急躁和善变等，就像影响我们将要研究的大众意志一样。

毫无疑问，所有的群体都是急躁而冲动的，但是其程度各有不同。比如，拉丁民族和盎格鲁-撒克逊民族就有着明显的不同。一些历史事件生动地说明了这一点。1870年，一份电报提到某位法国大使可能受到了冒犯，当它被公之于众后，立即在法国引起了一场轩然大波，激起了整个民族的愤然情绪，最后直接引发了一场可怕的战争。1885年，另一份电报提及越南谅山的一次无足轻重的失败战役，再次在法国激起了人们无尽的怒火，政府也因此而垮台。

而同一时期，英国人在远征喀土穆时遭到了毁灭性重创，但并没有在英国引起轩然大波，相反，它只激起民众轻微的愤然，不但政府轻易过关，政府官员也基本没有受到任何责备，更别谈惩罚。

不管哪个地方的群体都不可避免地带有些女性气质，拉丁民族尤甚。大凡能够赢得他们的信任或好感的人，都能一飞冲天。但这无异于行走在悬崖边上，说不定哪天就会跌入万丈深渊。

（2）群体容易被暗示和轻信

之前我在定义群体时说过，群体最普遍的一个特征就是容易受到暗示。我也指出了暗示在所有人类群体中具有广泛的传染力。这解释了为何群体的思想和情感会向某个共同的方向迅速转变。

不管人们怎么假定群体的冷漠，通常情况下，它总是怀着期待关注外界，因此很容易被暗示。一旦出现一个暗示，经过传染，它就会快速进入群体所有个体的头脑之中，他们的情感就会趋于一致。就像所有接受了暗示的影响的人一样，进入头脑的观念往往会转化为行动。这时候，不论是去宫殿纵火，还是牺牲自我，个体都不会有半点迟疑。一切都取决于刺激因素的性质，而不再像孤立个体那样，取决于所暗示的行为与阻碍该行为实现的理性因素之间的关系。结果，群体永远都游走在无意识的边缘，时刻准备接受任何暗示，有着那些无法接受理性影响的人所特有的强烈情感。他们被剥夺了一切批判能力，只能走向盲目轻信。在群体中，“不可能”是不存在的。要想理解在群体中那些最离奇的传说和故事是如何编造和传播的，我们必须牢牢记住这一点。[①]

---

① 经历过 1870 年巴黎城被围困的人能举出许多群体轻信的例子。顶楼上点着的一支蜡烛，立刻就会被看作是在向围城者发出暗号，虽然只要稍加思索就会知道，在几公里以外是根本看不见蜡烛光的。

群体中之所以容易流传传说，不仅因为群体的极度轻信，也是事件本身被群体成员的想象力歪曲的结果。在群体的观察下，哪怕是最简单的事，也很快会变得面目全非。因为群体往往是用意象来思考的，而意象本身又会唤起一系列与它八竿子打不着的意象。这种状态很好理解，像极了我们平常因头脑中想到某种事物而产生的其他一连串想法。理性告诉我们，这些意象之间根本就不存在任何联系。但群体对此熟视无睹，将添枝加叶的想象等同于真实事件。群体几乎无法区分主观与客观。他们通常把头脑中所幻想的意象当作客观事实，尽管这些幻想与客观事实之间只有微弱的关系。

从表面上看，群体对于他们所目睹事件的歪曲方式应该数不胜数，千差万别，因为组成群体的个体有不同的性格。但事实并非如此。由于传染的作用，所有个体歪曲事实的方式惊人的一致，塑造了同样的面貌。

群体中的一个人对真相的第一次歪曲，就是传染性暗示的起点。据说，当年在耶路撒冷，所有十字军官兵都从墙壁上看到了圣乔治。但在此之前，无疑在场官兵中有一个人最先产生了这样的幻觉。于是，在暗示与相互传染的作用下，原本只是一个人看到的奇迹，立即被所有人接受。这就是历史上频繁出现的集体幻觉的机制。它看似具备了真实性的所有公认特征，因为它是被成千上万人亲眼看到的。

群体成员的智力品质与这一原则并不相左。个体的品质无关紧要。当他们成为群体的组成部分时，再博学的人也和白痴一样，失去本有的观察力。

这一观点似乎是自相矛盾的。要想证明这一点，需要深入研究大量史实，即使写好几册书也不够。但我也不想让读者认为我的结论是凭空臆造的，下面我将从比比皆是的事例中随手挑出几个。

下面是个极具典型意义的例子，因为这个出现集体幻觉的群体包括了来自各个社会阶层的成员，从最无知的人，到最博学的人。它是由海军上尉朱利安·费利克斯在其关于海流的著作中记录下来的，之前《科学杂志》也引用过这一事例。

在一个阳光灿烂的日子里，护航舰“贝勒·波拉”号受命去寻找在风暴中失散的小船“波索”号。执勤兵很快就发现一艘遇难船只发出的求救信号。所有船员都把目光转向信号所指示的方向，清楚地看到了一只装满人的木筏，被发出遇难信号的船拖拽着。

然而，这一切只不过是全体船员的集体幻觉罢了。当船长德斯弗斯看到这一幕，他立即派船员前去搭救。就在船员即将接近目标的时候，他们仍然能清楚地看到奋力呼救的遇难者，甚至隐约听到了呼救者的哀号声。

可是，当他们终于到达，却发现，面前只有从附近海岸漂过来的几根带树叶的树枝。在如此明显的证据面前，幻觉消失了。

从这个事例中，我们能清楚地看到前面解释的集体幻觉机制。一方面，我们看到了一个处于期待中的群体正在焦急地观望着；另一方面，值勤兵宣称搜寻到遇难船只发出的求救信号是一个暗示，通过传染的作用，为全体船员所接受。

群体人数不一定要很多，就可以摧毁看到眼前事物的能力，用与真实毫不相关的幻觉来取代真实。只要几个人聚集在一起形成群体，哪怕他们是学富五车的智者，但在他们专业之外的事情上，他们就具备了群体的所有特点。他们作为单独个体所具备的观察和批判精神立即消失了。

值得一提的是，《心理学年鉴》曾刊载了著名心理学家达维先生所做的一个非常有趣的实验。

达维先生邀请了一群杰出的观察家，包括闻名英国的科学家华莱士先生。他让所有观察家认真检查完物品并按照自己的意愿给物体做上标记，之后当着他们的面，演示了所有经典灵异现象，包括灵魂现形、在石板上写字等。之后，他从这些观察家那里拿到了观察报告。所有人都承认，这些现象只有通过超自然手段才能展现。而其实，这不过是达维先生所使用的一点小把戏罢了。

记录这事的作者说:“达维先生这项实验最让人吃惊的地方，不是他的骗术多么神奇，而是那些不知情的见证人所记录的结果极度荒谬。”他接着说：“很明显，即使有很多见证人，也可以给出完全错误的报告。如果他们的描述被认为是正确的，那么他们所描述的过程就绝不能用骗术来形容。达维先生发明的方法十分简单，让人惊讶他竟然胆敢使用。但是他对群体思想有如此大的影响力，可以说服群体看到他们看不见的事物。”

达维先生的这种能力，同样类似于催眠师对于被催眠者的控制能力。当我们看到，即使对于那些头脑非常严谨、事先持有怀疑态度的人，这种力量也如此强大，我们就可以理解，它为何不费吹灰之力就能让普通群体上当受骗。

类似的例子数不胜数。当我写下这些文字的时候，各家报纸正连篇累牍地报道两个在塞纳河被淹死的小女孩的故事。五六个旁观者很肯定地说自己亲眼看到这两个小女孩在河边玩耍。他们的证词几乎一模一样，因此，法官不再质疑，签署了死亡证明。可就在为小女孩举行葬礼的时候，人们偶然发现，孩子们还活着，并且她们与溺死的小女孩仅有一点点相似。和前面所提到的事例一样，第一个产生幻觉的目击者（他本身也是幻觉的受害者）的证词影响了其他目击者的证词。

在这一类事例中，暗示的起点总是群体中某个个体因为模糊记忆而引发的幻觉，当这个最初的幻觉被肯定之后，传染就开始了。如果第一个观察者容易受影响，在他自认为已经辨认出尸体所呈现出的某些特征，如一块伤疤、一些装扮上的细节，就会由此唤起其他人的想法。这些想法会成为某种结晶的核心，侵蚀个体的理解力，麻痹所有的批判能力。目击者看到的不再是事物本身，而是头脑中唤起的意象。这正是近来报纸上重新翻出来报道的“母亲认错自己孩子的尸体”事件发生的原因，从中能清楚地看到幻觉机制的两种暗示。

另一个孩子认出了那个小男孩，但是他认错了。接着，一场毫无来由的辨认过程开始了。

在这个孩子辨认出尸体后的第二天，发生了一件不同寻常的事。

一个妇女走向尸体，哀号：“天哪，那是我的孩子！”

她走近尸体，仔细观察他的衣服和五官，当她看到童尸额头上的那道疤痕，更加笃定地说：“这就是我的孩子。去年七月他忽然失踪了，他一定是被人贩子诱拐后害死的。”

这个姓夏凡德雷的女人在福尔街当门卫。她的小叔子也被叫来，他看完尸体后，同样确信："这就是小费利贝·夏凡德雷。"

几个同一个街道的邻居也一致认为这个孩子正是费利贝·夏凡德雷。其中也包括孩子的老师，他在看到男童尸身上的那枚徽章后，立即做出了同样的断言。

可是，不仅仅是老师和邻居，就连母亲和小叔都搞错了。

六周之后，男童的身份终于被确认了。他本是波尔多人，遇害后，犯罪团伙辗转把他的尸体运到了巴黎。①

需要注意的是，这种误认的现象经常发生在妇女和儿童身上。

这一类事例也表明，这样的目击对法官来说是没有任何价值可言的。尤其是儿童，决不能拿他们的话当证词。法官常以童言无忌为理由，认为儿童的话是可信的，但是只要他们稍微有一点心理常识，就会知道，事实完全相反，孩子们一直在撒谎。当然，这样的谎言是无心的。但是，归根结底，这依然是谎言。与其像人们经常做的那样，用孩子的话作为证词来决定被告的命运，还不如扔硬币决定来得更可靠与合理些。

---

① 《闪电报》，1895 年 4 月 21 日。

回到群体观察力，我们可以得出结论：群体观察的结果多半是错误的，大多数时候，它所代表的无非是个人幻觉，并通过传染作用对其同伴形成暗示。

无数事实证明，不相信群体的证词是明智之举。在1870年的色当战役中，成千上万人参加了著名的骑兵冲锋战。但是，面对充满矛盾的各种目击者证词，根本无法判定谁是真正的指挥者。英国将军沃尔斯利爵士在最近出版的一本书中指出，对滑铁卢战役中某些极为重要的事件，人们存在着很严重的认知错误，而这些错误事实得到了数百名目击者的证实。①

这些事实无不向我们证明了群体证词的价值。在逻辑学专著中，众口一致的证词是一个事实准确性的最好证明。但群体心理学知识告诉我们，在这一点上，逻辑学专著都需要重写。最可疑的事件，是那些拥有最多目击者的事件。如果

---

① 我们知道一场战役是如何发生的吗？我深表怀疑。我们知道谁是征服者，谁是被征服者，但可能也仅此而已。达哈考特先生关于他目睹并参与的萨尔费里诺战役所说的话，可以适用于所有战役："将军们（当然，是根据数百个目击者提供的消息）提交了正式报告；勤务官修改这些文件，整理成条理分明的论述；参谋长提出了反对意见，并在新的基础上重新描述了整件事。它被送到元帅那里，元帅称：'完全错误。'然后自己撰写了一个新的版本。原来的报告几乎什么痕迹也没留下。"达哈考特先生以此为证据，证明即使最引人注目的、被观察得最细致的事件，也难以得到如实再现。

某件事已经被成千上万名目击者证实，往往意味着，真相与公认的说法相去甚远。

由此，我们只应把史学著作当作想象的产物。因为他们是人们对没有好好观察到的事实的想象式叙述，外加事后的反思与解释。写这样的书，纯属浪费时间。假如历史不曾留下文学、艺术和建筑作品，我们根本无从知晓历史的真面目。

那些在人类历史上举足轻重的人物，比如赫拉克利特、释迦牟尼或穆罕默德，关于他们的生平，有一条记录是可以验证的吗？大概是没有的。而且，事实上，他们的真实生活对我们来说无关紧要。因为我们真正想知道的是这些伟人在大众神话中的形象。通常能够打动群体的是传奇英雄，而不是真正的英雄。

不幸的是，尽管书本中记录的传奇比比皆是，但传奇本身并不稳定。随着时间的流逝，尤其是由于种族因素，群体的想象力会不断改变传奇。在《旧约全书》中，耶和华是一个嗜血成性的形象，与圣德勒撒所爱的上帝有天壤之别。但在后来的《新约全书》中，耶和华却变成了一位博爱仁慈的上帝。佛教诞生于印度，兴盛于中国，但是中国人所尊奉的佛祖与印度人所信奉的佛祖并没有多少相同之处。

群体依靠想象力改变英雄的传奇，并不总是需要几百年，有时甚至只需要几年，就能改变得面目全非。在我们所生活的时代就可以看到这样的事情：在不到50年的时间里，有关历史上最伟大的英雄之一拿破仑的传奇，就被更改了无数次。当法国处于波旁王朝统治下的时候，人们把拿破仑描述为田园派、自由主义的慈善家，俨然是谦卑者之友。在诗人的描述下，拿破仑将注定为贫苦的乡村人民所铭记。而30年后，这位慈善祥和的英雄变成了杀人魔，篡夺权力，毁灭自由，为了一己之野心，致使300万人在短时间内命丧黄泉。如今，这位英雄的故事又有了新的变化。千百年以后，未来的学者面对这些相互矛盾的记录，或许会怀疑其存在，就像今天的人们怀疑释迦牟尼一样。在拿破仑身上，也许他们只看到一个光芒四射的神话故事，或是一个类似于赫拉克利特的新传奇。对于这种不确定性，他们会很容易地自我安慰，因为，他们比我们今天更了解群众的特征和心理，他们会知道，历史几乎无法保存除神话以外的任何事物的记忆。

（3）群体情感的夸张和过于简单化

群体的情感，不论是好是坏，都具有两面性，既极为简单，又夸张。在这一点上，和许多其他方面一样，群体成员和原始人有很多相似点。群体几乎看不到细微的差别。他们只会把事情看作一个完整的整体，看不到中间的过渡阶段。而群体情绪会夸张，是因为受到这一事实的强化：一种情感一旦表露出来，就会通过暗示和传染迅速传播开来，其传播对象的明显认可会大大增强它的力量。

群体这种简单而夸张的情绪，使得人们完全不知道怀疑和不确定为何物。他们容易走极端。怀疑一旦提出，就会迅速变成无可置疑的证据。单个个体的反感或对立缺乏力量，但一旦到了群体的成员中，就会变成强烈的仇恨。

当个体进入群体时，责任感消失，这强化了群体的狂暴情绪，尤其是在异质性群体中。确信自己不会受到惩罚——人多时尤其如此——加上人多势众带来的力量感，使得那些独立个体不可能有的情绪和行为，却可能出现在群体中。在群体中，无知者、愚蠢者和心怀嫉恨的人摆脱了往常的卑微无能感，转而感觉到群体所带来的残忍、短暂但又巨大的力量。

不幸的是，群体所夸大的，通常是一些负面情绪。这些负面情绪是原始人的本能遗传下来的劣性部分。独立的个体由于担心被惩罚，会竭力压抑这样的情绪。可是当他们处于群体中时就不一样了。这就解释了为何群体会干出极端恶劣的勾当。

这并不表明，即便在最巧妙的影响之下，群体也无法表现出英雄主义、献身精神和崇高的美德。事实上，与独立的个体相比，群体更能表现出这样的品质。关于这个话题，我会在研究群体道德的时候细说。

由于群体通常会夸大自己的情感，只有极端的情感才能打动群体，因此，演说家要打动自己的听众群体，就必须尽可能地让自己的言辞激烈，表现出一副信誓旦旦的样子。公众集会上的演说家最喜欢用的演说技巧就是夸大其词、言之凿凿、不断重复、论证任何事情都坚决摒弃说理的方式。

而且，群体对他们崇拜的英雄的情感，也有类似的夸张。比如，群体通常会夸大英雄所表现出来的某种品德。很早以前，就有人明确地指出，观众（群体）会要求舞台上的英雄具有现实生活中根本不存在的勇气、道德和良好品质。

可能很多人会强调，站在剧场中会形成看待事物的特殊立场。毋庸置疑，这种立场确实存在，但是它的规则往往与常识和逻辑无关。吸引观众的艺术无疑是比较低级的，但它也需要相当特殊的才能。很多时候，光靠阅读剧本，我们是难以了解其成功原因的。剧院经理在接受一个剧本时，通常也不清楚它拍成戏剧后是否会被观众喜爱，因为要准确地判断这一点，他们必须能够把自己变成群体。①

① 因此也就不难理解为何有时会出现这样的情况：某部被所有剧院经理拒绝的作品，由于偶然的机会被搬上舞台后，一炮打响。名声大噪的弗朗索瓦·科佩的戏剧《为了荣誉》，尽管作者很有名，却在十年间在巴黎主要剧院那里吃尽闭门羹，最后是托赖于一个股票经纪人的资助才能上演。结果它在法国演出了二百多场，在伦敦演出了一千多场。除非是应用上面关于剧院经理无法在心理上代替群体的解释，否则我们难以理解那些精明能干、最不希望犯这种严重错误的人，会如此走眼。我在这里无法深入讨论，但是对于那些熟悉戏剧又洞察人心的作家，比如弗朗西斯科·萨西来说，或许值得一探究竟。

如果引申开来，我们会看到种族因素的绝对影响力。为什么一部能在这个国家掀起热潮的歌剧，在另外一个国家却毫无反响，或反响平平呢？这是因为它没能产生能够同样作用于后一个群体的影响力。

我无须补充，群体的夸张倾向只针对情感，而对智力则根本不起作用。我已经指出，个体一旦成为群体的组成部分，他的智力水平就会如水向下。一位叫塔尔德的有学识的法官在研究犯罪群体的过程中也证实了这一点。所以，仅仅是在情感方面，群体上限可以突破天际，而下限也可以跌破地底。

（4）群体的不宽容、专横和保守

群体只知道简单而极端的情感。在各种意见、想法和信念面前，群体要么全盘接受，视为绝对真理；要么全部拒绝，视为绝对谬论。群体历来是用暗示加以诱导，而不是通过合理的推理得出准确无误的信念的。我们都知道伴随宗教信仰而来的不宽容，以及它对于人脑的绝对控制作用。

一方面，群体分辨不清真理和谬误的区别；另一方面，由于群体能感觉到自己的强大力量，他们让自己的理想和偏执打上专横的色彩。独立的个体可能会坦然接受矛盾，展开讨论。但对群体来说，这是绝对不可能的。

在公众集会上，演说者哪怕有半点矛盾之处，都会立即被群体骂得狗血淋头。这时候，要是演说者还坚持自己的观点或立场，那就会迅速败下阵来。假如没有权威机构管束现场，演说者甚至可能被当场打死。

所有类型的群体都很专横和偏执，不过其程度有所不同。这里，支配人类思想和情感的种族这一根本性概念，再次发挥其突出的作用。

在这方面，以拉丁民族群体为典型，他们的专横和偏执程度是无与伦比的，已经发展到能完全破坏盎格鲁-撒克逊人强烈的个人独立感的地步。对拉丁民族群体来说，唯一需要关心的就是他们从属的派别是否具有独立性，而这种独立性的体现就是必须让那些与自己持相反意见的人立即反戈。自宗教裁判所时期以来，各个时期的雅各宾党人对自由都只有一种理解。

偏执与专横是大众有明确认知的两种情绪，一旦被强加给他们，他们就很容易想象和接受，并将其付诸实践。

群体总是对强权俯首帖耳，却很少被慈悲心肠打动。在他们看来，慈悲心肠不过是软弱的表现。他们根本不把为人处世温和的人放在眼里，却对严厉欺压他们的暴君言听计从。他们总是为后者建造最好的雕像。当然，他们也很乐意践踏被推翻的君主，那是因为失势后君主也沦为了一介平民，不再让人畏惧，遭到群体的蔑视。群体喜欢和爱戴的英雄，永远都有着恺撒的外表。他的光辉吸引着他们，他的权威恐吓着他们，他的利剑让他们瑟瑟发抖。

总而言之，群体随时会欺压软弱无能者，对强权则始终低声下气。要是强权不稳定，时起时落，群体在极端情绪的控制下，表现反复无常：他们时而无法无天，肆无忌惮；时而又奴颜婢膝，俯首帖耳。

不过，把变革看成群体的主导冲动，这完全是对群体心理的误解。之所以如此，只是因为我们被群体的暴力倾向所蒙蔽了。群体的反叛和破坏行为总是会瞬间爆发。对群体起支配作用的是无意识，它更多是受遗传因素的影响，因而群体会显得非常保守。要是听之任之，那么群体很快就会对当前的混乱状态产生极大的厌恶感，最后本能地变成任人使唤的奴才。当年，拿破仑剥夺了那些最桀骜不驯的雅各宾党人的全部自由，并且让每个人都对他产生畏惧感，可是，最后给他送上鲜花和掌声的恰恰就是这些人。

如果不考虑群体的保守本能，我们难以理解历史，尤其是民众的革命。没错，群体可能渴望着改变制度的名称，为此甚至不惜暴力革命。但这些制度的本质，反映了一个种族从基因里遗传的需要，他们终归无法变更。他们持续不断的变革，仅仅影响了表层事物。事实上，就像原始人一样，他们有着不可攻破的保守本能。

群体极度迷恋和崇拜一切传统，同时，出于根深蒂固的潜意识而深深地害怕一切可能改变其生活现状的新事物。要是以前他们就拥有和今天一样的权力，那么纺织机、蒸汽机和铁路等发明是不可能出现的，或者至少得通过革命和不间断的杀戮才有可能。对于文明的进步来说，最让人欣慰的是，在伟大的科学发明和工业出现之后，群体才成为权力的拥有者。

（5）群体的道德

如果将“道德”解释为：长期遵守某些社会规范，长期压抑人欲私心，那么很显然，群体太冲动、太善变，根本不具有道德。但是，如果我们认为舍己为人、勇于牺牲、不计名利、敢于献身和追求平等也是道德所包含的内容，那么我们可以断言，正相反，群体具有很高的道德境界。

少数研究群体的心理学家将眼光囿于群体的犯罪行为上，看到群体中频繁出现犯罪行为，就得出结论：群体的道德水平是非常低劣的。

这样的情况确实存在，但仅仅是因为我们每个人身上都蛰伏着从原始时代继承下来的野蛮和破坏性的本能。对独立的个体来说，在生活中满足这种本能是非常危险的；但是当他进入一个不负责任的群体，并因此肯定自己不会受到惩罚，他会彻底纵容自己的本能。一般情况下，我们不能向自己的同胞宣泄这种破坏性本能，因此会选择在动物身上施展。广泛存在的对于狩猎的热情，和群体的残暴行为来自同一根源。群体慢慢杀死一个毫无反抗之力的受害者，这当然显示出一种十分懦弱的残忍。但在哲学家看来，它在本质上和几十个猎人想方设法用猎犬追捕和杀死一只不幸的鹿时所表现出的残忍没什么两样。

群体可能杀人放火，无恶不作。但有时候，群体也会做出非常崇高的举动，如勇敢献身、无私奉献、勇敢牺牲和不计名利等，这些行为确实要比孤立个体所做的崇高得多。

用名誉、光荣和爱国主义等这样的口号，尤其能影响群体中的个体，而且往往能让群体奋不顾身。历史上，类似1793年大批法国人志愿入伍保卫国家这样的事例数不胜数。只有群体才能表现出不计名利和伟大献身精神。多少群体为了自己也不甚了解的信仰、思想或言语付出生命的代价。参与群体罢工的人，可能更多只是在服从命令，而非为了增加维持生计的微薄薪水。个人利益几乎是支配独立个体行为的唯一动机，却很少是群体的强大行为动力。可以确定，在很多群体智力无法理解的战争中，引导群体的并非个人利益，而群众甘愿像被猎人催眠的云雀一样，被轻易屠杀。

即使是一群穷凶极恶的坏蛋，仅仅因为他们在一个群体中，也常会暂时表现出一种严格的道德纪律性。泰纳为我们提供了一个很好的事例：在“九月惨案”[①]中，罪犯们将从受害者身上找出的钱包和首饰珠宝整整齐齐地放在了会议桌上，尽管他们本可以轻而易举据为己有。在1848年革命中，那些衣衫褴褛的群众，号叫着涌进杜伊勒利宫后，没有拿走王宫里的任何一件让他们惊奇不已的东西，即便其中任何一件都能让他们换取维持多日生活的面包。

群体对个体的道德教化，当然并非是一种铁律，但它经常发生。就算所处的环境没有我刚才说的那样严峻，这样的情况也屡见不鲜。我在前面说过，剧院里的观众会要求主角具有某种夸张的美德与品质，而在群体成员之间也类似。比如，在群众性集会中，即使组成成员品质低劣，通常也表现得一本正经，道貌岸然。又如，不论是放荡不羁的人，还是拉皮条的人，抑或是粗鲁的人，在某些危险的场合或交谈中，也经常会在忽然之间变得轻声细语，即便这样的场合并不会比他们惯常的交谈产生更多的伤害。

---

① 1792 年 9 月，巴黎武装群众攻击了多个监狱，杀死大量囚犯。——编者注

群体会放纵自己低劣的本能，经常做出败坏道德的事，但有时他们也会树立起高尚的道德行为典范。如果不计名利、绝对服从、为了真实或虚假的理想而献身等品质属于美德的范畴，那么我们可以说，群体拥有的美德之高，就连最睿智的哲学家也难以望其项背。显然，这些美德是群体在无意识的支配下践行的，但这无关大雅。我们不应该过多抱怨群体不善推理，常受无意识因素支配。在某些情况下，要是群体理智地思考和权衡眼前利益，人类文明在地球根本不可能成长起来，而人类也不会有历史。

第三章

群体的观念、理性与想象力

（1）群体的观念。基本观念和附属观念/相互矛盾的观念如何共存/崇高观念在被大众接受之前必须经历的转变/观念的社会影响与它们所包含的真理程度无关。（2）群体的理性。群体不被理性所影响/群体的理性能力十分低下/群体联系在一起的观念只有表面的相似性或连续性。（3）群体的想象力。群体想象力的力量/群体用意象思考，这些意象之间没有任何联系/群体容易被神奇事物触动/传奇和神奇事物是文明的真正支柱/大众想象力是政治家力量的基础/事实激发群体想象力的方式。

（1）群体的观念

前一本书[①]在研究群体观念对各国发展的影响的时候，

① 指作者的《民族演化的心理规律》一书，出版于1894年。——编者注

我曾明确指出，世上所有的文明，都是由少数几个很少更新的基本观念造就。我也说明了这些观念在群体心目中的牢固性，影响它们的困难程度，以及一旦得到实施所具有的威力。最后我指出，一般来说，历史大动荡就是这些基本观念变化所导致的结果。这里就不再赘述了。下面，我将简单谈谈群体能够接受的观念，以及他们理解这些观念的方式。

这些观念大致可以分为两类。一类是短暂观念，受一时的环境影响，或有或无，比如那种只会让个人或某种教条着迷的观念。另一类是基本观念。它们处在环境因素、遗传规律和公众意见的庇护之下，具有极大的稳定性。它们包括：过去的宗教观念、今天的社会和民主观念等。

现如今，那些曾被我们的父辈视为人生支柱的基本观念，正摇摇欲坠。它们已毫无稳定性可言，在它们的基础上建立起来的制度同样岌岌可危。

上面所说的短暂观念每天都能生成很多。但是，它们极少具有基本观念那样强大的生命力，注定不可能获得压倒性的影响力。

无论为群体提供何种观念，只有当它们具有绝对的、坚定不移的、简单明了的形式时，才能影响群体。这些观念披上了形象化的外衣，也只有在这种形式下，才能被群体接受。这些形象化的观念之间毫无逻辑上的相似性或连续性，而是可以互相取代，就像幻灯机中叠放在一起的幻灯片一样，放映者能随意地取出其中的任何一张。这解释了为什么最矛盾的观念能同时在一个群体中流行。当时机变化，群体可能会在其所能理解的某种观念的作用下做出相互矛盾的事情来。由于群体缺乏批判精神，他们根本看不到矛盾之处。

这样的现象并不专属于群体。许多独立的个体，包括原始人以及和原始人同等智力水平的人，如某种宗教的狂热信徒，身上也存在着这样的情况。我曾奇怪地在一些在欧洲大学受教育并取得学位的印度人身上，观察到同样的现象。许多西方观念被叠加在那些稳定的、基本的传统观念或社会观念上。根据不同的时机，这一套或那一套观念会通过特定的言谈和举止表现出来，于是在同一个人身上会显示出最矛盾的状态。这些矛盾不过是表面现象。因为从根本上来说，只有世代相传的观念才能真正影响独立个体的行为动机。只有当一个人生活在种族杂居、具有不同倾向的环境下时，完全矛盾的事情才会同时发生在同一个人身上。这里没必要强调这些现象，尽管它们在心理学上的意义重大。在我看来，要想对它们有充分的认识，至少得花上十年时间去世界各地周游和观察。

只有简单明了的观念，才能被群体所接受，因此，若想让某些观念受到群体的青睐，就得对它们从头到尾进行一番改造，使之变得通俗易懂。尤其是那些高深莫测的哲学或科学观念，为了迎合群体并不是很高的智力水平，更要进行深刻的改造。根据群体的性质或群体所属的种族，改造的程度也不一，但方向都是简单化。

这就解释了一个事实：从社会角度上看，观念不存在等级制，没有高度贵贱之分。无论一种观念首次出现时有多么伟大或正确，一旦进入群体的智力范围，并对其施加影响，它高深或伟大的成分，几乎都被剥夺殆尽。

而且，从社会的角度看，观念的等级价值本身也毫无意义。我们真正要关注的，是它可能产生的效果。中世纪的基督观念，18世纪的民主观念，或是今天的社会观念，显然都算不上十分高级。从哲学的角度来思考，这些观念只能被视为一些让人感到遗憾的错误，但它们都具有强大的影响力，并且在未来很长一段时间里，依然将是让各国做出相关决策的最根本原因。

即便一种观念被彻底改造了，被群体接受了，它也不会立即产生绝对的影响力。只有当它通过我们将要在其他地方考察的过程，进入无意识领域，融入人们的情感，最后变成一种坚定的态度时，才会起作用。当然，这需要很长一段时间。

我们不能认定，一种观念仅仅因为它是正确的，就可以产生有效的行动，或至少是在少数有教养的人中如此。对此，我们只须留意这样一个事实：很多情况下，即便最确凿的证据，对很多人所能起到的作用也是微不足道的。明显正确的证据，可能会被有教养的人接受；但对信徒而言，他们很快就会被无意识的自我带回原先的观念中。我们会看到，过不了几天他便会故态复萌：用相同的话再次提起他过去的观点。事实上，他处于以往观念的影响中，它们已经上升到情感层面了。只有这一类观念，才能成为影响我们言行举止的最隐秘的动机。在群体中，也是如此。

当一种观念通过各种过程最终深入群体所有个体的头脑中，它就具有了一种不可抗拒的力量，产生了一系列效果，与之对抗是徒劳的。引发法国大革命的那些哲学思想花了将近一个世纪的时间才得以在群体心中扎根。一旦它们变成群体中根深蒂固的观念，就会产生不可抗拒的威力，这是世人有目共睹的。整个民族为了追求社会平等、实现抽象权利和理想主义自由而奋斗，导致欧洲所有王室动摇，深深撼动了西方世界。在20年的时间里，欧洲各国内战不断，各种大屠杀让人触目惊心。世界此前从未目睹因为一种观念传播而引起的此类灾难性毁灭。

要让一种观念在群体中生根发芽，需要很长一段时间，而要消除它，也不是在短时间内能够实现的。因此，群体的观念总是落后于学者和哲学家好几代。如今所有政治家无不清楚，前面提到的那些基本观念都蕴含大大小小的错误，但因为它们有着十分强大的影响力，所以，他们也只好继续依照这些连他们自己都不再相信的观念统治自己的国家。

（2）群体的理性

我们不能绝对地说，群体没有推理能力，完全不会受推理的影响。

可是，从逻辑上看，群体所使用和能接受的论证，是十分拙劣的。将这样的论证称为推理，只是一种好听的说法。

诚如高级推理一样，群体的低级推理也是以观念为立足点的。但是，群体联系在一起的观念之间，只有表面的相似性或连续性。群体的推理方式有类于因纽特人所采取的方式。比如，他们凭经验知道，冰这种透明的物质放在嘴里可以融化，就以为把透明的玻璃放在嘴里也会融化。或者，他们像野蛮人一样，认为吃下骁勇善战的敌人的心脏，就可以得到他的力量与勇气。或者，他们会像一些工人一样，因为受到一个雇主的剥削，就立即认定天下所有雇主都是这样的人。

群体推理的特点，是把截然不同但表面上极为相似的事混为一谈，立即把具体的事物普遍化。那些知道如何操纵群体的人，给群体所提供的正是这样的推理方式。这是唯一能够影响群体的方式。那些深藏逻辑思维的论证模式，群体根本无法理解。因此我们可以说，群体无力推理，或者只会进行错误地推理，并不受理性推理过程的影响。

当我们读起某些演讲词时，会震惊于其中的低级错误，但它们却能对听众产生巨大的影响。不过别忘了，这些演讲词并不是准备给哲学家阅读的，而是准备用来说服听众的。一个和群体交流密切的演说家，会找到激发群体的有诱惑力的意象。要是他能成功地做到这一点，他就达到目的了。这时候，即便是二十本鸿篇巨制，也远远比不上他几句有号召力的话。

无须再补充，群体没有推理能力，这使得他们毫无批判精神，难以辨别是非真伪，或对任何事物做出正确的判断。群体所接受的判断，只是外界强加的判断，绝不是认真讨论后得出的判断。在这一点上，不能超越群体水平的个体数量巨大。某些观点之所以很容易获得普遍接受，主要是因为大多数人无法根据推理形成一家之见。

（3）群体的想象力

就像缺乏推理能力的人一样，群体有着极其强大、活跃又非常敏感的形象化的想象力。一个人、一件事或一次事故，往往都会在他们的脑海中唤起栩栩如生的意象。从一定程度上说，群体像是一个睡梦中的人，理性暂且被搁置，因而头脑中会不断闪现某些极其鲜明的意象。而这些意象只要经过反思，便会立即消失。

正因为群体不能思考，也没有推理能力，他们会认为世界上没什么不可能。而一般来说，最不可能的事情往往也是最惊人的事情。这就是为什么群体会对一个事件中最离奇、最传奇的一面情有独钟。当我们分析一种文明，便会发现，让它长存的根基，正是那些神秘又传奇的内容。在人类历史上，表象的重要性总是大于真相，而不现实的因素也总是比现实的因素重要得多。

只知道用意象思维的群体，必然也只能被意象所打动。只有意象，才能吸引或威慑群体，并成为他们的行为动机。

所以，只有戏剧表演——它能最清晰地表现意象——才能在群体中产生巨大的反响。在古罗马民众看来，有面包吃，有壮观的戏剧看，便是幸福，舍此别无他求。时代变迁，但这个理想几乎毫无变动。没有什么比戏剧表演更能够影响群体想象力。所有观众在同一时间体味到同样的情感。假如这些情感没有立即转变为实际行动，那只是因为即便最无意识的观众，也清楚地意识到自己是处在幻觉中，喜怒哀乐都是源自戏剧中那个离奇的故事。

但有的时候，由意象暗示出来的情感如此强烈，就像暗示通常所起的作用一样，趋向于转变为实际行动。我们常常听闻，某个大众剧院因为上演了一出大受欢迎的悲剧，剧院经理不得不派人保护叛徒的扮演者离开，否则他会被那些对其“罪行”义愤填膺的观众暴力攻击。我认为，这是群体心理状态最显著的迹象，尤其显示了群体是如何被暗示的。虚幻的想象对群体的影响完全不亚于现实给予的影响。很显然，他们对这两者并不加以区分。

征服者的权力和国家的力量，都建立在群体的想象力上。更特别的是，通过对群体的想象力施加影响，便可以引导他们。历史上那些重大的事件，比如佛教、基督教和伊斯兰教的兴起，宗教改革，法国大革命等，无一不是对群体的想象力施加强烈影响而导致的直接或间接后果。

而且，任何一个时代一个国家的伟大政客，包括最专制的暴君在内，无不把群体的想象力看作他们权力的基础，他们从不认为在与其作对的情况下能够统治好自己的国家。拿破仑曾对行政法院说：“通过变成一个天主教徒，我得以终止了旺代战争。通过变成穆斯林，我得以在埃及站稳脚跟。通过变成一名教皇至上论者，我获得意大利神父的支持。若是哪天我必须去统治一个犹太人的国家，我也会不遗余力地重修所罗门的神庙。”自亚历山大和恺撒以来，大概不曾有哪个伟人比他更了解如何激发群体想象力。拿破仑一生都致力于打动他们。胜利的时候，演说的时候，一切行动中，他始终铭记这一点。即便临终，他依然念念不忘。

那么，该如何影响群众的想象力呢？后面我们很快就会知道。这里我先指出一点，即，永远不要妄想通过智力和推理的途径来实现这一点。安东尼能够成功地让民众起来反抗谋杀恺撒的凶手，不是靠着机智说理，而是通过向公众宣读恺撒的遗嘱[①]，并指向恺撒的尸体。

不论刺激群体想象力的是什么，表现出来的都是惊人的、鲜明的意象，没有任何多余的解释，或者仅仅辅之以几个非凡或神奇的事实，如一场伟大的胜利、一个伟大的奇迹、一桩史无前例的罪恶、一片光明的前景，等等。事实必须以整体的形式呈现在群体面前，其来源则永远不可提及。一百个小罪行或小事件无法触动群体的想象力，而单独一件大罪行或事件会给人们留下深刻印象，即便它造成的危害远不及前者的总和。

几年前，流行感冒仅在巴黎就夺走了5000人的生命，可是它对民众的想象力少有影响。因为这种真实的大规模死亡没有以一种生动的意象呈现在群众眼前，人们看到的只是

---

① 恺撒的遗嘱中有两条直接与罗马下层民众相关。一是宣布把自己的部分财产分给罗马最贫苦公民，二是捐献自己的一个公园，供罗马公民游览。——编者注

政府每周公布的死亡数目。相反，如果一次事件造成的死亡人数是500而不是5000，但它是在一天之内发生在民众眼前，是由一个非常引人注目的事件引起的，比如，因为埃菲尔铁塔忽然倒塌，这就会对群众的想象力产生巨大的影响。一艘横渡大西洋的汽船失联了，人们以为它失事了，这件事足足影响了群众的想象力一整周。可是，根据官方统计数据来看，仅仅在1894年这一年，就有850条船和203艘汽轮失事。它们的死亡人数和财产损失远超这只汽船，而对这些接连不断的事故，群众却漠不关心。

由此可见，真正能影响群体想象力的是事件发生和引起注意的方式，而不是事件本身。如果让我来表达的话，我会说，只有对它们进行提炼加工，才能制造出一个令人震惊的意象，进驻人们大脑。掌握了影响群众想象力的艺术，就等于同时掌握了操纵他们的艺术。

第四章

群体信念的宗教形式

什么是宗教情感/它与对神的崇拜毫不相干/它的特征/采取了宗教形式的信念的力量/各种实例/大众神灵从未消失/它们复活的新形式/无神论的宗教形式/从历史角度看这些概念的重要性/宗教改革、圣巴托洛缪大屠杀、恐怖统治和所有类似事件都是群体宗教情感的结果，而非孤立个人意志的结果。

我们已经论证，群体不进行推理，面对一种观念，他们要么全盘接受，要么完全拒绝；他们既不容忍讨论，也不容忍矛盾。会对他们产生绝对影响力的暗示，会侵蚀他们的整个理解力，并倾向于立即付诸行动。我们还发现，只要对群体施予适当影响，他们就会为自己的理想奋不顾身。我们也看到，群体只有狂热而极端的情绪，同情心会瞬间变成崇拜，厌恶也会立即转变为仇恨。这些普遍性特征，让我们得以了解群体信念的性质。

当我们深入探究这些信念，就会发现，不管在宗教狂热的时代，还是18世纪的政治大动荡时代，它们始终以某种特殊的形式呈现在人们面前。由于找不到更好的说法，我姑且称之为宗教情感。

这种情感非常简单：崇拜某个想象中的至高无上者，对其力量充满恐惧，盲目服从它的指挥，完全不敢去探讨它的教条，渴望将其传播出去，倾向于将不愿接受者视为寇仇。不论这样的情感是针对一个看不见的上帝、一座木雕或石像、一个英雄，或是某种政治观念，只要它具备上述特点，它在本质上就是宗教性的，并在同等程度上具有超自然的神秘效应。群体下意识地把这种神秘力量与激起他们狂热的政治信条或成功领袖等同起来。

假如一个人只是崇拜某个神，我们不能说他是宗教性的。只有当他把自己的一切思想情感、所有自愿的服从行为和全部热情都倾注在某项事业或某个人身上，将其作为自己思想与行动的出发点和终结点时，他才是宗教性的。

偏执、妄想和宗教情感如影随形。那些相信自己掌握了尘世或永恒幸福密码的人，总会体现出这种情绪。受到某种信念激励的聚集成群的人身上也会表现出这种特点。恐怖时代的雅各宾党人，本质上同宗教裁判所时代的天主教徒一样是宗教性的，而他们的残暴激情也来自同一源头。

群体的信念具有宗教情感所固有的特点，如盲目服从、极度不宽容、需要暴力宣传等。因此我们可以说，群体的一切信念都具有宗教的形式。受到群众爱戴的英雄，就是他们名副其实的神。拿破仑就当了15年这样的神。他拥有比任何一个神更多的狂热信徒，也比任何神都能更轻易地处死别人。基督教的神和其他教派的神从未能对其信徒思想实行如此绝对的统治。

所有宗教或政治信条的创立者之所以能站稳自己的脚跟，是因为他们成功地激起群体的幻想，让群体在崇拜和服从的过程中找到了自己的幸福，并心甘情愿为偶像赴汤蹈火。这在任何时代都没有例外。

福斯特尔·德·库朗日在其论述罗马高卢人的一部杰作中直言不讳地指出，维系罗马帝国的不是武力，而是它所激发出的宗教崇拜之情。他正确地评论道：“一种被民众憎恨的统治形式竟然持续5个世纪之久，这是世界历史上的独此一份。……帝国的30个军团竟能让一亿人唯命是从，这着实不可思议。”他们服从的原因在于，帝王成为罗马伟大的化身，他像神一样，被全体人民所崇拜。只要在他的疆域之内，就算最小的城镇，也有膜拜帝王的祭坛。

“那时候，从帝国的一端到另一端，一种新兴的宗教出现了，它以皇帝为神灵。在基督教兴起之前数十年，以60座城市为代表的高卢地区共同出资，在里昂城附近建起了一座供奉奥古斯丁的神殿。……它的祭司由高卢城市联盟投票选举出来，是当地的首要人物。……把这一切都归因为畏惧和奴性是不妥当的。不可能整个民族的人都是奴隶，更别提长达3个世纪了。崇拜帝王的不是朝臣，而是罗马，甚至不仅罗马，还有高卢地区、西班牙、希腊和亚洲。”

如今，大多数支配群体头脑的大人物们已经不再设立祭坛，取而代之的是各种雕像和画像，对他们的崇拜，毫不逊色于古代民众对帝王的崇拜。要了解历史真相，我们得深入地了解群体心理学的这一基本特点。不管群体需要什么，它首先需要一个让它顶礼膜拜的神。

不要认为，如此狂热的崇拜现象只在过去才有，而今已经被理性清除。在同理性对抗的恒久过程中，情感从不曾败北。今天，人们已经难以听到神灵、宗教这些曾长期奴役他们的词语。但在过去一百年里，他们从未拥有像今天这么多的崇拜对象，而且古代的神灵也从未拥有这么多的雕像和祭坛。

近年来研究过布朗热主义大众运动的人都知道，要唤醒群体的宗教本能是何等轻而易举。没有哪家乡村旅馆没有这个英雄的画像。他被赋予了匡扶正义和铲除邪恶的权力，成千上万人愿意为他献出自己的生命。要是他的性格能匹配上他传奇般的威望，那么他注定会青史留名。可见，强调群体需要宗教实属废话。因为一切政治、神学和宗教信条想要扎根群体，都必须始终采取宗教的形式，从而避免被讨论的风险。如果哪天大众被诱导着信奉无神论，他们同样会表现出所有宗教情感中的不宽容，在外表上很快变得狂热。

在这一点上，实证主义者这个小学派的演变为我们提供了一个有趣的例证。曾被大思想家陀思妥耶夫斯基提及的发生在虚无主义者身上的事情，也迅速落在实证主义学者身上。某天，在理性之光的启发下，他撕毁了装饰教堂祭坛的神灵和圣徒的画像，吹灭了蜡烛。然后，毫不停歇地，他用毕希纳、莫勒斯霍特等无神论哲学家的作品取代了被他撕毁的画像，又虔诚地点燃了蜡烛。他改变了自己的信仰对象，但他的宗教情感也变了吗？

重申一遍，除非细致研究群体信念长期来看总会采取的宗教形式，否则我们无法对一些十分重要的历史事件做出正确解释。某些社会现象需要更多地从心理学角度，而非从博物学角度着手。著名史学家泰纳只是作为一个博物学家来研究法国大革命，因此经常看不到事件的真正起源。他用心地观察事实，但由于缺乏对群体心理的研究，他并不总能追踪事件的根由。大革命的血腥、混乱和残忍让他大为震惊。在这部英雄的伟大戏剧中，他只看到一群癫狂的野蛮人在恣意妄为，不曾管束自己的本能。只有认识到这场革命在本质上是一种全新的宗教信仰在群体中的建立，我们才能对这场革命的暴烈程度、它的肆意屠杀、它对宣传的渴求以及它向万事万物宣战做出恰当的解释。

宗教改革、圣巴托洛缪大屠杀、法国宗教战争、宗教裁判所、恐怖统治，也都与之类似，是受宗教情感激发的群体干出来的。怀有这种宗教情感的人，必然会不遗余力地用烈火与利剑去消灭那些胆敢反对建立新信仰的人。宗教裁判所的做法，也是所有有着真诚坚定信念的人的做法。假如他们采用了其他办法，他们的信念就配不上这样的评价。

类似我刚才提到的历史大事件的发生都有赖于群体的愿望。否则，即便是最专制的暴君，也无法促使它们发生。当史学家告诉世人说，“圣巴托洛缪惨案”完全是国王所为，很显然，他对君主的心理和群体的心理都一无所知。这样的屠杀命令，如果没有群体的执行，是不可能实施的。最专制君主的最至高无上的权力，也只能加快或者延缓它们发生的时间。圣巴托洛缪大屠杀或宗教战争不是国王所制造，就像恐怖统治不是罗伯斯庇尔、丹东或圣鞠斯特独自所为一样。在这些事件的底层，我们总可以找到群体灵魂的活动，而非统治者的权力。

第二卷

群体的信念和意见

第一章

群体信念和意见的间接因素

群体信念的预备因素/群体信念的产生是预先准备的结果/对信念的诸多成因的研究。（1）种族。它发挥的主导作用/它代表了祖先的暗示。（2）传统。它们是种族灵魂的综合体/传统的社会重要性/传统在有用之后，如何变得有害/群体是传统观念最顽固的维护者。（3）时间。它为信仰的建立和毁灭做了准备。正是有了这个因素，秩序才能从混乱中产生。（4）政治和社会制度。关于它们的错误看法/它们的影响力极低/它们是原因，不是结果/国家不能选择对其最好的制度/制度只是标签，在相同的名称下掩盖了最不同的东西/制度如何被创造出来/有些制度理论上并不是很好，比如中央集权制，但对有些国家是必要的。（5）教育。流行的关于教育对群体影响的观念的错误/统计指标/拉丁民族教育体系会造成道德败坏/部分教育可能发挥作用/不同民族的实例。

在研究群体的精神结构，了解群体的情感、思维和推理方式之后，我们来看看他们的意见和信念是怎样形成和确立的。

决定这些意见和信念的因素有两种：间接因素和直接因素。

间接因素是那些能够使群体接受某种观念并绝对排斥其他观念的因素。这些因素为某些新思想的突然萌发奠定了基础，这些新思想具有惊人的力量和结果，尽管它们只在表面上是自发的。有些思想在人群中爆发并付诸实施，表现出惊人的突发性。但这不过是一种表象，它的背后一定有一种持续已久的准备性因素。

直接因素是指那些处于持续的准备性工作表层的因素，没有后者，直接因素将毫无意义。它们能够成为实际说服群体的资源。它们使一种观念采取某种特定的形式，并且能够产生一定结果。某项方案突然被集体贯彻实行，就是由这种直接因素引起的。骚乱的爆发，罢工的决定，甚至民众集体授予某人推翻政府统治的权力，也归因于此。

直接因素和间接因素相继发生作用的情况，在所有重大历史事件中都可以找到。仅举一个最突出的事件：引发法国大革命的间接因素主要有哲学家的著作、贵族的强征暴敛以及科学思想的进步等。有了这样的准备，群体的头脑很容易被一些直接因素所唤醒，比如演说家的演讲，以及朝廷某种不痛不痒的改良政策。

有的间接因素具有普遍性，是群体所有信念和意见的基础。它们主要包括：种族、传统、时间、制度和教育等。下面，我们将一一研究这些因素的影响。

（1）种族

种族因素在所有间接因素中位居首位，因为它本身的重要性远远超过其他因素。在另一本书中，我已对它有过深入的研究，这里不再赘述。在第一卷中我已经说明了什么是一个历史性种族，以及一旦这样的种族形成，作为遗传规律的结果，它的信仰、制度和艺术——总之，它文明中的一切成分——都不过是它特质的外在表现。我们证实了，种族的力量具有这一特征，即没有哪种元素能在从一个种族传播到另一个种族的过程中，不发生根本性变化。①

环境和不同事件代表暂时的社会暗示性因素，可能带来

① 这一命题至今仍然富有新意。没有它，历史将变得相当难以理解。我在上一本书《民族演化的心理规律》中，用了四章来说明它。从这本书中，读者可以看到，尽管存在一些让人误解的表象，但语言、宗教、艺术，或者一句话，文明的任何要素，都不能从一个民族毫发无损地传递到另一个民族。

巨大的影响力。但如果这种影响力与种族世代遗传的特点不相容，那么它就只能是一时的，不可能持久。

在本书后面章节中，我还将提到种族影响力。我会说明，这种影响力如此之大，决定着种族独有的气质。这就导致了不同国家的群体有着截然不同的信念和行为，而能够影响他们的方式也大不相同。

（2）传统

传统包括过去的观念、欲望和情感等，它们是种族综合作用的产物，对我们有着巨大的影响。

自从胚胎学证明了时间对生物进化的巨大影响，生物科学就发生了转变。当这个概念更加广泛传播，历史科学也会发生不小的变化。不过，目前它还不够广为人知，很多政治家比起18世纪的学究们也高明不了多少，坚持认为社会可以和自己的过去割裂，试图单凭理性之光来重塑。

种族是由过去所创造出的有机体。和其他有机体一样，它只能在缓慢的遗传积累中变化。

人类一直深受传统的支配，特别是当他们聚集在一起形成群体时更是如此。表面上看，人们可以轻而易举改变传统，但正如我一再强调的，改变的唯有名称和外在形式。

不必为此而遗憾。脱离了传统，就不会有国家和文明的诞生。因此，人类自诞生以来，就关注两大方面：一是建立某种传统，二是当这种传统的有益作用消失殆尽时尽快摧毁它。没有传统就没有文明，而没有对旧传统的摧毁，就没有进步。

一个巨大的困难在于，如何在稳定与求变之间取得适度平衡。如果一个种族的传统世代不变，过于稳定，那么它就会像中国一样，缺乏进步的动力。这时候，即便暴力革命也无济于事，因为出现的情况，要么是打碎的锁链被重新拼接在一起，过去原封不动重现；要么是碎片继续四分五裂，衰败随无政府状态而来。

由此可见，一个种族的理想状态是保留过去的制度，同时潜移默化、一点一滴加以改进。但是，要达到这样的理想状态是很难的。迄今为止，只有古罗马人和近代英国人做到了。

群体誓死抱着传统不放，坚决反对变革传统。那些有身份地位的群体更是如此。我已经强调过群体的保守主义精神，并说明了，最狂暴的反叛行动，最多也只能以一些言辞上的变化而告终。18世纪末，教堂被毁坏，神父们被驱逐出国或被送上断头台，人们也许以为，传统宗教观念已经毫无影响力。可是短短几年后，为了顺应大众的普遍需求，曾一度被禁止的公开礼拜制度又重新被建立起来了。[①]曾一度被废弃的传统，又恢复了它以往的光芒。

这个例子再好不过地展示了传统在群体心中的力量。最可怕的偶像不在寺庙里，最暴虐的君主也不在宫殿里——两者都可以在转眼之间被摧毁。而支配着我们内心最深处自我的隐形主人总是安全的，无惧任何反叛的努力，要摧毁它，只能依靠数百年时间的磨损。

（3）时间

时间之于社会，就像它之于生物进化一样，是最有力的影响因素之一。它既是唯一的真正创造者，也是唯一的伟大毁灭者。是时间让沙土渐渐堆积成山，是时间让地质时代那模糊难辨的细胞演变成今天高贵的人类。数百年的时间足以改变一切固有的现象。如果给一只蚂蚁足够长的时间，它可以把勃朗峰夷为平地。要是人有随意改变时间的能力，他将拥有信徒认为上帝所独属的力量。

---

① 泰纳引用的前国民公会成员福克罗伊的报告，就鲜明地体现了这一点："到处都可以看到人们保留礼拜日和去教堂的情况，这表明大多数法国人都渴望回归旧有的习俗，抵制这种自然趋势已经不合时宜……绝大多数人都需要宗教、公共崇拜和教士。……我们应该允许民众拥有自己的教士、祭坛和公共崇拜。"

不过，在这里，我们只讨论时间对群体意见的影响。从这个角度看，时间的作用仍然巨大。像种族这样重要的因素，也要仰赖时间才可以形成。一切信仰的诞生、发展和消亡也是由时间所引起。它们依靠时间获得力量，也因为时间失去力量。

具体地说，时间为群体的意见和信念提供了多种准备，至少为它们准备了生根发芽的土壤。这就是为什么有的观念能在这个时代实现，却不能在另一个时代实现。时间把各种零星的信仰和思想堆积成山，在此基础上，某个时代专属的观念喷涌而出。它们不是随机、偶然出现的，而深深扎根于漫长的过去。当它们开花结果的时候，是时间为它们做好了开花结果的准备。要想了解它们的起源，就必须追溯过去。它们是过去的女儿，也是未来的母亲，但自始至终都是时间的奴隶。

因此，时间是我们最可靠的主人。为了看清一切事物变化的轨迹，我们应当让它自由地发挥作用。如今，群体的雄心勃勃和它所预示的摧毁与混乱让人们深感不安。无须其他措施，只需要时间，终会带来平衡的恢复。正如拉维斯先生所说：“没有哪种政治体制是在一天之内建立起来。政治组织和社会组织是数百年时间才能造就的产物。封建制度在建立其法律章程以前，经历了好几个世纪的动荡无序；绝对君主制也历时数百年才建立起自己的常规统治秩序。而这些等待中的时期是非常动荡的。”

（4）政治和社会制度

制度可以纠正社会的弊端，国家进步是制度和政府统治不断完善的结果，社会变革可以通过颁布命令来实现，诸如此类的观念，如今仍然被广泛接受。它们是法国大革命的起点，也是目前各种社会学说的基础。

最具连续性的历史经验也没能让这个重大的错觉动摇。哲学家和史学家不遗余力地想要证明它的荒谬性，但徒劳无功。不过他们已经毫不费力地证明，制度是观念、情感和习俗的产物，而观念、情感和习俗不能通过立法来改变。就像人不能随意挑选头发和眼睛的颜色一样，一个民族也无法随意选择自己的制度。制度和政府是种族的产物。它们不是一个时代的开创者，而是被时代所创造的。要统治一个种族，不能按照其反复无常的一时兴起，而是要根据它的种族特点来实行。要形成一种政治制度，需要上百年的时间，而要改造它，也需要同样长的时间。制度没有固有的优点，它们本身无所谓好坏。在某一特定时刻对一个民族有益的，对另外一个民族可能极端有害。

而且，一个民族根本无法真正地改变自己的制度。毋庸置疑，以暴力革命为代价，它可以改变制度的名称，但本质却不曾变更过。名称不过是一些毫无意义的标签，探究底层真相的历史学家根本不会多花心思。比如，世界上最民主的国家英国，采取的仍然是君主立宪制。[①]而专制统治最严厉的，却是曾为西班牙殖民地的拉丁美洲共和国，尽管它们具有共和制宪法。决定一个种族命运的不是它的政府，而是它的性格。关于这一点，我在上一部著作中已经用一些典型的事例论证过了。

所以说，把时间花在制定各种制度或法律上纯属浪费，这与小孩子的把戏无异，类似于修辞学家徒劳地玩弄文字游戏。现实的必要性，以及时间，会自然而然地制定出宪法，只要人们能让它们发挥作用。这正是盎格鲁-撒克逊人采取的办法。正如他们伟大的历史学家麦考利在一篇文章中所写的，拉丁民族政治家们应当认真地学习这种方法。他指出，单纯从理性的角度来看，法律所取得的一切好处，都处于荒谬与矛盾之中。他比较了拉丁民族疯狂制定的各种法律条文

---

① 即使是美国最先进的共和党人也认识到这一事实。美国《论坛报》明确表述了这一观点，我从 1894 年 12 月的《评论的评论》转引如下：“即使贵族阶级最坚定的敌人也不应忘记，今天的英国是世界上最民主的国家，在这个国家，个人的权利最受尊重，个人拥有最大的自由。”

与英国的宪法，发现后者是在必要性的支配下，而非是在思辨式推理的支配下，一点一滴变化的。

> 从来不管严谨与否、对称与否，只考虑它是否简便、是否实用；从来不会仅仅因为不一致，就不遗余力地去消除不一致；除非感到不满，否则绝不变革；除非采取变革能消除不满，否则绝不革新；绝不制定宽泛的法律条文，只制定针对特定情况的具体条文。自约翰国王时代到维多利亚女王时代，250年以来，这些原则都对议会起着绝对的指导作用，让它从容地应对所有的事情。

要想说明各个种族的制度和法律从何种程度上反映了该种族的需求，以及无法进行猛烈改变，我们有必要逐一对它们进行考察。

比如，我们可以从哲学的角度去分析中央集权制的优缺点。但当我们看到，一个由不同种族构成的民族竟然用了一千年时间来维护这样一种制度；当我们看到，一场旨在摧毁过去所有制度的大革命也不得不向中央集权制低头，甚至强化它，我们不得不承认，它是迫切需求的产物，是这个国家生存下去的前提条件。而对那些谈论摧毁它的政治家们，我们会怜悯其贫瘠的精神水平。如果他们不小心成功了，这就预示着一场激烈的内战即将爆发，而且它将带来比旧政权更严厉的中央集权制度。[①]

由此可知，试图通过制度来影响群体的秉性是行不通的。当我们看到，有些国家比如美国，在民主体制下高度繁荣；而另一些国家，如原属西班牙殖民地的拉丁美洲共和国，尽管也是类似制度，却一直生活在穷困和混乱中，我们应该承认，制度与一个种族的兴盛或衰败无关。支配各个种族的是他们的性格，凡是与这种性格相悖的制度，都只是一件借来的外套，一种短暂的装饰。

的确，为了建立某些制度而进行的战争和暴力革命一直存在，且还将继续存在。人们相信这些制度能够带来幸福与快乐，像对待顶礼膜拜的圣徒骸骨一样对待它们。因此，从某种意义上说，制度引起的大动荡是它反作用于群体心理的产物。但事实上，不论成功还是失败，制度本身并不具备那样的能力。影响群体心理的是幻觉和词语，特别是词语，无

① 如果我们比较一下法国各党派之间深刻的宗教和政治纠纷（尤其是社会问题造成的），以及革命时期表现出来并在法德战争接近尾声时重现的分裂倾向，可以看到法国不同种族还远未完全融合。革命期间强有力的中央集权和一些人为部门的创建，注定会带来古老省份的融合，这无疑是它最大的业绩。如果按照今天那些缺乏远见的头脑的流行想法实现分权制，其结果将是最血腥的混乱无序。忽略这一事实，就等于忽略了整个法国的历史。

比荒诞，又无比强大。很快我们将展示其惊人的力量。

（5）教育

在当前的主流观念中，最重要的一条是：教育能极大地改变一个人，使人朝着好的方向发展和完善，甚至实现人人平等的目标。仅仅由于这个观点一直被重复，它早已成为民众最坚定的信条之一。今天要想击败这种观念，就像过去击败教会一样困难。

在这个问题上，就像在许多其他问题上一样，民主观念与心理学研究和经验得出的结论有很大差异。众多举世闻名的哲学家，包括赫伯特·斯宾塞在内，已经明确指出，教育不会让人变得更文明，也不会让人更幸福。不论是人的本能，还是人与生俱来的激情，它都无力改变。而且很多时候，只要施予不良引导，教育的害处会远远大于它的好处。

统计学家为我们提供了有力的证据。他们告诉我们，随着教育——至少是某种教育——的普及，犯罪率反而呈现增长的趋势，而社会的最大敌人，无政府主义者，恰恰也是学习上的拔尖者。著名法官阿道夫·吉约先生在他的近作中指出，目前，受过教育的罪犯人数是3000，而文盲罪犯是1000。在19世纪下半叶，罪犯占人口的比例从每10万居民227人上升到了552人。他和他的同事都注意到，年轻人的犯罪率上升尤其快。而众所周知，法国已用免费义务制教育取代了之前的学徒制。

当然，不能绝对地说，也没有人会坚持，正确引导下的教育方式完全没有任何正面效果。即使它可能无法提高人的道德水平，至少它能提高人的专业素养。惋惜的是，特别是在过去的25年里，尽管有智者如布吕尔、库朗日、泰纳等人的观察结果，拉丁民族还是将教育制度建立在错误的原则上，并且执迷不悟。我曾在过去出版的一本书中提出这样的观点：法国的教育制度让很多受过教育的人变成社会的敌人。

这种教育制度也许顺应拉丁民族的秉性，但它的主要危险来自，它被建立在一个完全错误的心理学基础上，即，只有学好教科书，智力才能得到提高。正因为接受了这样的观点，人们不遗余力地去强化各种手册上的知识。从进入小学开始，直到离开大学，年轻人多年来只知道死记硬背，无须独立思考能力和个人主观能动性。在他们眼里，受教育等于背书和服从。上任公共教育部部长朱勒·西蒙曾说：“学习课程，牢记语法或提纲，然后一字不落地复述和模仿，这样的教育方式实在很可笑。它的每一个过程都是一种信仰行为，即认为老师不会出错。这种教育方式只会产生一个结果，那就是贬低自我，最后让自己变成一个无能的人。”

如果这种教育只是毫无用处，我们还可以对孩子们表示同情，虽然他们在学校里学不到任何有用的东西，但好歹懂得了一些科劳泰尔后裔的家谱、纽斯特里亚和奥斯特拉西亚之间的冲突或动物分类之类的知识。但是，这种制度造成的危险远不止于此。它会使受教育的人对自己的生活状态产生深度厌恶感，并强烈地想要逃离。结果，工人不想再当工人，农民不想再当农民，而大多数中等收入阶层哪怕地位再低微，也不想让子女从事除政府职员之外的任何其他职业。法国的教育没有让学生为走上社会做好准备，而只是把他们培育成能从事公职的人。而在这个领域里，要想获得成功，无须自我定位，也无须表现出丝毫的个人进取心。

在社会等级的最底层，这种教育制度创造了一支庞大的无产阶级队伍，他们对自己的命运总表现出强烈的不满，并时刻准备着反抗。而在最高层，它又培养出一群浮躁的资产阶级，多疑，而且轻信。对国家，他们盲目地信任，把它等同于天道，却又无法停止对它表示敌意。他们总是把自己的过失归因于政府，一旦离开了政府的干涉，却又一事无成。

在教科书的帮助下，国家制造出许多有文凭的人，但它只能利用其中的一小部分，并被迫让其他人失业。所以，国家只能把工作留给先来的人，而其他没有工作的人便都成了国家的敌人。从社会金字塔的最顶端到最底端，从最卑微的小秘书到教授再到警察局长，无数有文凭的人包围了各行各业。一个商人难以找到一个代替他去殖民地处理商业事务的人，成千上万的候选人却翘首期待一个最平庸的政府职位。仅在塞纳就有2万名失业的男女教师，他们蔑视农田或工厂，只想从政府那儿谋取一官半职以维持自己的生计。但僧多粥少，得不到满足的人是大多数。他们随时准备参加任何革命，不管革命的发动者是谁，也不管革命的目标是什么。由此可以说，掌握一些不实用的知识必然会让人造反。[①]

很明显，只有经验，这个人们的最高教育家，才会让我们意识到自己的错误。它本身就足以证明，必须用工业教育来取代那些可恶的教科书和可悲的考试，让我们的年轻人回到田野中去，回到工厂里去，回到他们今天全心全意要逃离的殖民事业中去。

如今那些明智的人所强调的专业教育正是我们祖辈所接受的教育。到今天，在那些靠自己的意志力、开拓和创业精

---

① 这种现象并非拉丁民族所特有。印度也未能免俗，因为英国人在那里开设学校，不是像英格兰一样出于教育之外的目的，而是为了培养本土居民。它形成了一个特殊的受教育阶层，印度绅士（Baboos），如果他们找不到工作，就会成为英国统治阶层不可调和的敌人。所有印度绅士，不管有无工作，他们所受教育的第一个影响就是降低了他们的道德水准。这是我在《印度文明》一书中一直强调的事实，也是所有访问这个伟大半岛的作家观察到的事实。

神统治世界的国家中，这样的教育依旧生机盎然。伟大的思想家泰纳在一些名篇名章——下面我将引用某些重要的段落——中明确地指出，我们以往的教育制度和今天英国与美国所采取的教育制度是大致相同的。在对比拉丁民族和盎格鲁-撒克逊民族的教育制度之后，他进一步指出了这两种教育制度会产生的结果。

有人也许会同意，在迫不得已的情况下，继续接受古典教育中的弊端。尽管它只能制造出心怀不满的人，不适应社会生活的人，但从书本上吸取大量知识，然后准确无误地复述出来，着实可以提高个人的智力水平。但它真的能提高人的智力水平吗？并不能。人生在世，取得成功必须具备的素质是判断力、经验、开拓精神和个性，这些都不是书本能教会我们的。书是查阅起来很有用的字典，但搁置在自己脑子里，是没有任何用处的。

那么，如何让专业教育以一种传统教学无法企及的方式提高智力？对此，泰纳先生给了我们宝贵的意见。他说：

> 一种观念要形成，需得在自然、正常的环境下才行。要想促成其成长，需要年轻人每天从工厂、矿山、法庭、书房、建筑工地和医院获得大量感官印象；需要他们目睹各种劳动工具、原料和操作过程；需要他们亲

自与顾客、工人和农民在一起……不管他们能否做好，也不管他们能否赚得利润。只有这样，他们才能稍微理解自己从视觉、听觉、触觉甚至味觉中体味到的各种细节。学生在不知不觉中注意到了这些细节，默默琢磨，心中的领悟逐渐成形，然后迟早获得某些启发，从而实现全新的组合、简化、创造、改进或发明。

可是，我们国家的年轻人，却没有这样的接触和学习的机会，因为在最可能有所成就的年纪里，他们被关在学校里七八年，与所有可能的亲身体验的机会擦身而过。而这些亲身体验会使他对世上的人和事有一种敏锐而准确的认识，并学会如何处理。

……十个年轻人中，至少有九个把人生中重要的甚至决定性的几年时间和付出白白浪费了。这些人当中，有一半甚至三分之二的人活着不过是为了考试——我是指那些被淘汰者。而在那些获得学历、证书或文凭的成功者中，又有一半到三分之二的人是过度劳累。他们被要求在规定的某一天，连续两小时坐在答辩委员会对面的椅子上，抱着对科学家团体的敬畏，对所有人类知识对答如流。这对他们未免要求太高。在那一天的那两个小时，他们接近全知。不过一个月后就并非如此了。他们再也不能通过之前的考试。他们所获得的众多繁杂的知

> 识，随着时间的推移，不断从头脑中流失，而没有新东西填补进去。他们的精神活力衰竭，继续成长的能力也枯竭了。一个充分发展的人诞生了，他经常疲惫不堪。
>
> 他安定下来，成家立业，落入了生活的俗套，让自己被狭隘的职业所封锁，最后安分守己地工作着。这就是他们平庸的生活，很明显，他们的付出和收获并不成正比。
>
> 但在1789年以前，法国采取的是和英美两国一样、与今日相反的教育制度，那时候的教育收益等于或者略大于付出。

这位杰出的历史学家接下来揭示了我们的教育制度与盎格鲁-撒克逊民族的不同。他们没有我们那么多的专业学校，并且把教育建立在实践课程上，而不是死记硬背书本。比如，他们的工程师不是从学校训练出来的，而是从车间里训练出来的。这种教育方式让每个人都达到其智力所能达到的最高水平。要是他天资不高，那么他至少可以成为工人或领班；而如果他天资较高，那他就能变成工程师。比起将个人前程完全寄托在19岁或20岁时某次几个小时的考试的做法，这种办法更民主，对社会也更有益。

在医院、矿山和工厂中，在建筑师或律师的办公室里，总有年纪轻轻便开始实习的学生们。和办公室里的律师助理或工作室里的艺术家一样，他们一步一步，踏踏实实地完成他们的学徒期。

在此之前，在正式参加工作之前，他们也有接受一些通用的、概览性教育的机会，从而为他们建立一个框架，让他们可以把自己将要观察到的东西填充进去。此外，按惯例，他们可以在闲暇时参加各种技能课程，从而与他日常一点一滴获得的经验匹配。

在这种教育制度的引导下，学生的实践能力得到了发展，才能与实践同步提高，并且，其发展方向也符合将来的任务或特定工作的要求。

正因为如此，英美两国的年轻人能迅速地在岗位上充分发挥自己的才能。如果各种材料和部件齐全，一个年轻人在他25岁时甚至更早，就能变成一个有才能的工作者，甚至富有创业能力——显然，他已不只是机器上的一个零件，也是一个马达。

而在采取相反教育制度的法国，大量的人才被白白浪费掉。

对拉丁民族的教育制度日渐偏离实际生活这一问题，这位伟大的哲学家做出了如下论断：

在教育的三个阶段：儿童期、少年期和青年期，从通过各种考试获得学历、证书和文凭这一角度看，学生坐在学校啃书本的时间显然是有点长了，学生的学习负担过重。仅仅从这个角度看，这也是一种非常糟糕的、完全违反自然的、与社会对立的制度和方法。它过分地延长了实际的学徒时间，实行学校寄宿制度，过多地采用人为训练和填鸭式教学方式，让学生背负繁重的功课。它不考虑未来时代的发展、成人的实际年龄、人们的职业和年轻人即将融入的现实社会等，也从不曾思考过学生必须适应或者被教导着提前适应的社会，不曾想过学生为保护自己而必须参与的斗争，不曾考虑过学生要想在社会上站住脚所需要的装备……这些不可缺少的装备，这些比任何事物都重要的东西，这些生活常识和坚强的意志力，学校全都没有教给我们的年轻人。学校不但没有让他们获得应对社会和生活的各种挑战的能力，反而破坏了他们的这种能力。

结果，当我们的年轻人走上社会，进入工作岗位之后，面对一系列的打击与挫折，他们会手足无措，留下的创痛久久不能痊愈，有时甚至一蹶不振。这种测试

> 艰辛又危险。在这个过程中，精神和道德的平衡受到冲击，并有可能无法重建。幻想瞬间彻底破灭，期望过大，失望也就难以忍受。①

上述种种是否已经偏离了群体心理学的主题？我想没有。因为若想了解群体今天所酝酿、明天可能会出现的各种信念和想法，就必须了解产生这些信念和意见的土壤。教育能让年轻人看到自己国家未来会变成什么样子。当前的教育让人们看到的是一个暗淡无光的未来。群体头脑的优化或恶化，部分取决于教育。所以，有必要展示当前的教育制度如

---

① 泰纳，《现代政权》，第二卷，1894 年。这几页几乎是泰纳最后的作品了。它们展示了这位伟大哲学家长期经验的结晶。不幸的是，在我看来，我国这些没有在国外生活过的大学教授几乎完全无法理解。教育是我们拥有的能在一定程度上影响一个民族思想的唯一手段，但是法国几乎没有人能够理解，我们目前的教育体系非但没有提升我们的年轻人，反倒是他们堕落的严重原因，想到这一点，不免让人悲从中来。

可以将泰纳的评论与保罗·布尔热在他的杰作《海外》中对美国教育的观察做一个有益的比较。保罗注意到我们的教育只会产生思想狭隘、缺乏主动性和意志力的资产阶级，以及无政府主义者——“两种同样有害的文明人，他们堕落无能，只会采用各种陈词滥调，或者具有疯狂的破坏性”。他也把制造堕落的法国公立学校和培养健康生活的公民的美国学校进行了比较，这种比较引人深思。真正的民主国家和只在口头上民主、思想上不民主的国家之间的鸿沟，在这个比较中显露无遗。

何培养出这种头脑，那些本来冷漠而中立的群体如何变得愤愤不平，随时准备听从空想主义者和狡辩之徒的暗示。今天的对社会不满的人和无政府主义者就是在教室里出现的，教室也为即将到来的拉丁民族的衰败铺平了道路。

第二章

群体意见的直接因素

（1）意象、词语和套话。词语和套话的神奇力量/词语的力量与它们唤起的意象密切相关，而与它们的真正意义无关/意象因时代和种族而异/词语的弱化/常用词语含义变化的实例/当事物的旧名称遭到大众厌恶时，换新名称后的政治效用/种族差异引发的词语含义的变化/“民主”一词在欧洲和美国的不同含义。（2）幻觉。它们的重要性/它们是一切文明的根源/幻觉的社会必要性/群体总是喜欢幻觉胜过真理。（3）经验。经验本身可以将真理固定在群众头脑中变成必要的，也可以摧毁变得危险的幻觉/经验只有在被频繁重复的条件下才是有效的/要说服群众必须付出的经验代价。（4）理性。理性对群体无效/群体只会被他们的无意识情绪所影响/逻辑在历史中的作用/不可思议事件的秘密原因。

我们刚才已经讨论了间接因素，它们赋予群体心理以特定属性，使群体的某些情感和观念得以发展。现在我们研究一下与间接因素相对的直接因素。下一章我们将探讨如何运用这两种因素，让它们充分发挥作用。

在第一卷中，我们研究过群体的情感、观念和推理方式，在这些知识的基础上，我们可以总结出一些影响群体心理的一般性原理。我们已经知道什么会刺激群体想象力，也熟悉了暗示，特别是那些形象化的暗示的力量和传染性。不过，就像暗示有多种来源一样，影响群体心理的因素也多种多样，因此有必要对它们分别加以研究。这绝非多此一举。群体有点像古代神话中的斯芬克斯：我们要么找到一个应对其心理问题的方法，要么就只能被它毁掉。

（1）意象、词语和套话

在研究群体想象力时，我们已经知道，群体容易被意象打动。这些意象不是时时刻刻都存在，但我们可以利用一些巧妙的词语或套话将它们激活。通过艺术化处理，它们会产生非常神奇的、人们认为只有魔法师才有的力量。它们能轻而易举地在群体中掀起最可怕的风暴，也能迅速地将风暴平息下来。光是死于某些词语和套话的尸骨，就能建造出一座比古老的胡夫金字塔还要高的金字塔。

文字的力量与它们所唤醒的意象密切相关，而与它们的真实含义无关。看似意义最不明确的词语有时影响力反而最大，如民主、社会主义、平等、自由等。它们的含义非常模糊，即使厚厚的工具书也难以对其有明确的界定。然而可以肯定的是，这几个简短的词语有着神奇的威力，仿佛可以解决所有问题。它们蕴含了最多样化的潜意识中的愿望，以及实现这些愿望的希望。

理性与辩论无法对抗这些词语和套话。它们和群体是一体的，当它们被宣布出来，人们便会肃然起敬，完全听信。很多人认为它们是自然的力量，是超自然的能量。它们在人们心中唤起宏伟而模糊的意象，正是这种将它们包裹在朦胧之中的模糊增强了它们的神秘力量。它们是藏在祭坛背后的神秘神灵，信众只能诚惶诚恐地站在它们面前。

词语所唤起的意象独立于它们的词义。它们因时代的变化而变化，因民族的不同而不同。而套话保持不变。有些暂时被唤起的意象依附于某个词语：这些词语好比是开关上的按钮，轻轻一按，就能唤醒电铃。

并不是所有的词语和套话都有唤醒意象的能力。有些词语曾经具备这样的能力，但在使用的过程中渐渐失去，不能再在人脑中唤起任何意象。这时候，它们就变成了空洞的言语，其主要作用是让使用者免于思考。用年轻时学到的一些套话和常识武装自己，我们就可以自如地应付生活中的一切需要，而无须动脑。

如果我们研究一种特定语言，就会发现，构成这种语言的词语在时代流逝中变化极为缓慢。但这些词语所唤起的意象，或人们赋予它的词义，却在不断地变化。这就是为什么我在另外一本书中得出结论：要准确地翻译一种语言，尤其是那些已消亡的语言，根本不可能。当我们用法语去翻译拉丁语、希腊语或梵文时，或者当我们试图去理解两三百年前用我们的语言所写成的书时，我们实际上在做什么？我们不过是在用现代生活赋予我们头脑的意象和观念，代替一些完全不同的意象和观念，而这些意象和观念是古代与我们截然不同的生活状况带给种族头脑的。当大革命时期的人以为他们在模仿古希腊和罗马人时，他们所做的无非是把一些从不曾有过的含义强加给古代词语。

古希腊人的制度与今天用同样的词语制定的制度有什么相似之处吗？古希腊共和国本质上实行的是贵族制，由一些小暴君联合而成，集体统治着处于绝对服从地位的奴隶。这种以奴隶制为基础的联合贵族制，如果没有了奴隶制，根本无法存在。

“自由”这个词也一样。在当时，人们从未想过思想上的绝对自由的可能性，谁敢公然讨论城邦的神灵、法典和习俗，就犯下了滔天大罪。这样的自由，与我们今天所说的

“自由”是一样的吗？

而“祖国”这个词，在雅典人和斯巴达人眼里意味着什么？它只指对雅典城邦和斯巴达城邦的崇拜，绝非对希腊这个当时各城邦彼此敌对、攻伐不断的地域的崇拜。

而在古代高卢，“祖国”这个词又有什么样的含义呢？当地分裂成诸多有着不同语言和宗教、相互敌视的部落和种族。它被恺撒轻易征服，因为他总能从中找到自己的盟友。是罗马人带给其政治和宗教统一，使其成为一个国家。

无须追溯太远，就在一两百年前，联合外敌背叛自己君主的孔代对“祖国”的理解，与今天法国各省的理解是一样的吗？同样，那些投靠外国、反对法国的法国保皇党人，认为他们是在遵守荣誉法则，而且从他们的角度也确实如此，因为封建法律规定，诸侯要效忠自己的君主，而非国土，因此君主所在，即是祖国所在。他们对“祖国”的理解，当然与现代人的理解迥然不同。

许多词语的含义会随着时代的变迁而不断变化。只有经过长期努力，我们才能理解它们原本的含义。有人不无道理地说过，就算只想准确地了解我们祖先对“国王”或“王室”的理解，也需要大量研究。面对更复杂的概念，就更不必说了。

所以说，词义是不稳定的，是多变的，它因时、因种族而异。我们若想通过词语影响群体，就得搞清楚词语当前的具体含义，而不是去探究过去人们或精神状态截然不同的人所赋予它的含义。

所以，当群体由于政治动荡或信仰变化，对某些词语所唤起的形象感到厌恶，政治家的当务之急就是为事物换个名称。当然，无须对事物本身下手，它们与种族世代相传的特性密不可分，无法改变。睿智的托克维尔很久以前就曾说，执政党和帝国最主要的工作就是用新词语重新包装众多的旧制度。也就是说，用全新的名称去代替那些可能唤起群体厌恶的意象的名称，新名称的新鲜感会阻止人们联想。比如，用“土地税”代替“地租”，用“盐税”代替“盐赋”，用“间接摊派”代替过去的“徭役”，用“执照费”代替“商业税”和“行业税”，等等。

因此，政治家最基本的一项任务就是用流行用语或至少是中性的词语，来替换民众已不堪忍受的词语。名称的威力如此强大，合适的措辞足以让最令人厌恶的事情为民众轻易接受。泰纳正确观察到，雅各宾党人正是因为及时地运用了“自由”和“博爱”这样的当时流行用词，才能够“建立和达荷美王国一样残酷的暴政，和宗教裁判所一样惨无人道的审判台，实施类似古代墨西哥人一样惨绝人寰的大屠杀”。

统治者的艺术，和倡导者的艺术一样，首先在于驾驭词语的本领。这门艺术最大的难点在于，即便在同一个社会中，不同社会阶层的人对同一个词语的理解往往也是不同的。他们看似用着同样的词语，却从不说同一种语言。在上面的例子中，时间是促使词义发生变化的主要原因。但要是把种族因素也考虑进去，我们就会看到，在同一个时代，在文明程度相同但种族不同的人群中，相同的词语通常也会表示不同的含义。如果没有游历过很多地方，是无法理解这些差别的，这里不再赘述。

我想要说的是，正是人们最常用的那些词语，在不同民族中有着最不同的含义。例如，我们今天频繁使用的“民主”和“社会主义”就是如此。事实上，拉丁民族和盎格鲁-撒克逊民族对于它们就有着截然对立的观念和意象。在前者看来，“民主”尤其意味着个人意志和主观能动性要服从于国家所代表的共同体意志和自主权。国家在越来越高的程度上，指引一切的方向，集权，垄断，制造一切。不论是激进派，还是保皇派，无一例外都持续向国家发出呼吁。

而在盎格鲁-撒克逊民族——尤其是美国人——看来，“民主”强调的却是个人意志的自由发展，国家应尽可能服从这一发展，除了政策、军队和外交关系上的决定权以外，国家不能支配任何事情，就连公共教育也不行。可见，同是“民主”这个词，在这个民族中代表个人的意志服从国家的意志；而在另一个民族，却正好反过来。[1]

（2）幻觉

自从有了文明，群体便始终处于幻觉的影响中。他们为幻觉建立神庙、雕像，或设立祭坛，远超过对世间任何其他人。不论是过去的宗教幻觉，还是时下的哲学或社会幻觉，它们所爆发出来的巨大力量，在这个星球的任何一种曾经繁荣的文明中都可以找到。古代巴比伦和埃及的神庙，中世纪的宗教建筑，正是为它们建立。一个世纪前震撼整个欧洲的大动荡，正是为它们而发动。我们的政治、艺术和社会学说，等等，无一能脱离它们的影响。

有时候，人类以血腥的战争为代价来推翻这些幻觉，最终却矛盾地让它们死而复生。没有它们，人类就走不出原始的野蛮状态；而如果再次没有它们，人类可能很快就会回到野蛮状态。显而易见，它们是无用的阴影，但这些梦的产物，让世界各个民族创造出了光辉灿烂的艺术和文明。

---

① 在《民族演化的心理规律》一书中，我曾详细地阐述了拉丁民族的民主理想与盎格鲁－撒克逊民族的民主理想之间的区别。保罗·布尔热先生在他的《海外》一书中，也得出了如出一辙的结论。

要是有人将博物馆和图书馆烧毁，把教堂前石子路边那些在宗教的鼓舞下创作出的一切雕像和艺术品统统毁灭，那么人类伟大的梦想还剩下什么？

给予人们希望和幻想，这样他们才能生存下去，这就是神灵、英雄和诗人存在的缘由。在一段时间内，科学似乎扛起了这个任务，但在渴望梦想的人来看，科学是大有欠缺的，因为它从不肯做出过于慷慨的承诺——它不能撒谎。①

18世纪的哲学家满怀热情地致力于摧毁宗教、政治和社会幻觉，我们的祖先已经在这些幻觉中生活了好几个世纪。随之而来的是希望和顺从的枯竭。人们不得不直面那盲目、沉默的自然力量了，这股力量是无情的、毫无悲悯的，对于软弱和慈悲不屑一顾。

尽管哲学取得了长足进步，但迄今它仍不曾给民众提供一个足以让他们着迷的理想。但民众必须不顾一切获得幻觉，他们如趋光的昆虫一样，本能地靠近那些迎合他们需要的行骗者。错误，而非真理，才是推动民族发展的主要因素。

群体从不渴望真理。他们对那些不符合自己胃口的证据

---

① 引自法国知名作曲家丹尼尔·勒絮尔语。

置之不理，要是出现了一个极具诱惑力的谬论，他们更愿意崇拜谬论。谁能给他们供应幻觉，谁就能轻而易举地成为他们的主人；谁试图使他们的幻觉破灭，就会为他们所打倒。①

（3）经验

经验几乎是唯一能让真理在群体心中扎根、打破过于危险的幻觉的方法。但是，要实现这个目标，它必须经常在大范围内重复再现。一代人的经历，通常对下一代人是无用的，这就是某些被当作有力证据加以引用的史实达不到预期目的的原因。它们唯一的作用是证明，经验想要产生任何影响，或仅仅是成功地动摇深植群体头脑中的某些错误观点，需要在多大程度上不断重复。

19世纪以及之前的18世纪，毫无疑问会被史学家认为是

---

① 在这种情况下，群体的意见是通过不同事物之间粗糙而现成的联想形成的，其机制我在前面已经解释过了。那时的法国国民自卫队由爱好和平的小店主们组成，毫无纪律，根本不受人重视。因此，起相似名称的事物，都会唤起同样的意象，从而被认为是无害的。群体的错误当时领导人也犯了，就像经常发生的与一般性意见有关的事情一样。奥列弗先生在最近出版的一本书中提及，一位经常追随群体意见但从不超前于它的政治家——我指的是梯也尔——1867 年 12 月 31 日在内阁发表演讲时宣称，普鲁士只拥有一个类似于法国的国民自卫队（所以无关紧要），以及一支与法国正规军相当的常备军。这个断言，就像他所做的铁路未来毫无前途的预言一般谬以千里。

充满无数怪诞经验的年代，过去任何一个时代都未曾出现过如此多的试验。

其中规模最大的一次试验就是法国大革命。为了证明一个社会不能按照纯粹理性的要求从上到下进行改造，数百万人死亡，整个欧洲陷入长达20年的动荡。为了从经验上证明，独裁者会让拥护者付出沉重的代价，法国民众在50年里经历了两次毁灭性灾难。

这些试验的结果明确无疑，但似乎依然不足以让民众信服。在第一次试验中，300万人付出了自己的生命，并且遭到外敌入侵；在第二次试验中，国家领土被割让，并带来了常备军队的建立。第三次试验几乎为时不远，而且肯定会发生。想要整个民族相信庞大的德国军队早已不是30年前那支无害的国民自卫队，只有一场惨绝人寰的战争才做得到。想要让人们意识到贸易保护主义会对整个国家产生致命打击，至少需要20年的灾难性遭遇。类似的例子举不胜举。

（4）理性

在列举影响群体心理的因素时，根本没必要提及理性因素，除非是要强调它的负面作用。

前面我已经表明，群众不受理性的影响，只能粗略理解观念之间的联系。那些深谙影响群体智慧的演说家，总是诉诸他们的情感，而非理性。逻辑思维对群体不起作用。[①]

想让群体相信自己的观念，首先必须了解让群体兴奋的情感因素，假装感同身受，同时通过一些简单的组合方式，用极具暗示性的概念去改变群体的观念。然后，如果有必要的话，回到一开始的观点，而且，最重要的是，时时揣度自己话语可能引发的情感。正是由于时刻需要根据话语的效果来改变措辞，没有哪一种真正有效的演说是可以事先准备好的。演说者遵循自己的思路，而不是群众的，仅这一点就决定了他的演说不可能对听众产生任何效果。

逻辑严密的大脑，习惯于被一系列严密推理链条所说服。他们在群体面前发言时，喜欢用逻辑论证的方式来说服

---

① 我第一次观察到这种打动群体的艺术，并了解到逻辑法则在这方面有多无力，可以追溯到巴黎被围困时期。当时我目睹了V元帅被愤怒的人群拖到卢浮宫，即政府所在地，因为人群惊讶地发现他正在复制防卫计划，准备卖给普鲁士人。他们要求立即处死这个卖国贼。一个政府官员（G.P），非常优秀的演说家，出来安抚人群。我以为他会指出群众指控的荒谬性，因为元帅可是积极主持防御体系建造的人之一，而且，所谓防卫计划，在每个书店都可以买到。但我还是太年轻了，大大出乎我的意料，演说家走了一条完全不同的路线。他面向囚犯，宣称："正义必将得到伸张，它将毫不留情地来临！让国防部来结束你们的调查吧。在此期间，我们将继续关押这个囚犯。"人群因为这个明显的让步而平静下来，散开回家了。一刻钟后，元帅也得以回家。而如果演说家用天真的我以为极具说服力的逻辑论证来说服愤怒的人群，元帅多半会被撕成碎片。

群体。但是，他们会惊讶地发现，这种手法根本不起作用。

一位逻辑学家这样写道：“一般情况下，数学结论是在一组公式的基础上，通过反复的演绎与推理得出，这样的结果当然具有权威性……要是无机物也有演算公式的头脑和能力的话，它也会赞同的。”话虽如此，但群体并不比无机物更能追踪这种推理，甚至理解它们。试试用推理的方式来说服原始的头脑——例如，野蛮人或儿童——你就会发现这种辩论方法毫无价值。

若想知道在与情感对峙的过程中理性有多无力，我们甚至不必将自己的理解力降低到原始野蛮人的水平，只需回顾数百年来那些违背最简单逻辑的宗教迷信。两千多年来，就连最聪明的天才也不得不向它们的律令低头。直至现代，人们才开始质疑它们的真实性。中世纪和文艺复兴时期也有不少开明之士，但没有一个人通过理性思考认识到自己宗教迷信中幼稚的一面，也没有谁对魔鬼的罪恶和焚烧巫师的必要性表示过怀疑。

群体不受理性支配，这一点应该令人沮丧吗？对此，我们不必深以为然。毋庸置疑，人类之所以能走上文明大道，关键还是激起人类激情和刚毅的幻觉的功劳，而不是人类理性的作用。这些幻觉是引导我们的无意识力量的产物，无疑是必不可少的。每一个民族的精神结构中都包含着它的命运法则，它带着一种难以抑制的冲动来遵守这种法则，即使在那些最不合理的冲动的情况下也是如此。

有时候，一个民族的进步像是受到某种神秘力量驱使，这种力量让橡果长成橡树，让彗星遵循自己的运动轨迹运行。若想全面地了解这种力量，就得完整地了解这个民族的进化过程，而不只是了解进化过程中所出现的某些孤立事实。否则，历史就会变成一连串偶然事件的结果。一个加利利的木匠[①]不可能在两千年里变成全能的神，而世界最重要的文明也不可能以他为基础形成。一小撮阿拉伯人不可能从沙漠崛起，征服古希腊罗马大部分地区，建立起一个比亚历山大帝国更大的帝国。在社会经济较发达、各地有着严格等级制度的欧洲时代，区区一个炮兵中尉（拿破仑）更不可能统治各民族与国王。

让我们把理性留给哲学家吧，不要强烈地坚持让它干预人类的统治。所有文明的主要动力不是理性，而且多数情况下尽管有理性，但是各种情感，如自尊、自我牺牲、宗教信仰、爱国主义以及对荣誉的追逐之心等才是驱动着文明的有功之臣。

---

① 指耶稣，他出生于加利利地区，父亲约瑟是木匠，所以耶稣从小就学会了木匠的手艺。——编者注

第三章

群体领袖和他们的说服手段

（1）群体领袖。所有形成群体的生物都有服从领袖的本能需求/群体领袖的心理/他们本身就能赋予群体信仰并组织他们/领袖专横霸道/领袖的分类/意志所起的作用。（2）领袖的行动方式：断言、重复、传染/这些因素各自的作用/传染从社会下层传播到上层阶级的方式/民众的观点很快就会变成普遍的观点。（3）威望。威望的定义以及不同的分类类型/先天的威望和个人威望/各种实例/威望消亡的方式。

现在我们已经了解了群体心理的构成情况，知道了影响群体心理的各种因素。尚待研究的是各种因素发挥作用的方式，以及什么样的人能让这些因素有效发挥作用。

（1）群体领袖

不论是动物还是人，只要一群生物聚在一起，都会选出一个领袖，并且会本能地服从这个领袖的统治。

在人类群体中，领袖有时候只不过是个小头目或煽风点火者，但他仍起着至关重要的作用。他的意志是群体形成意见并达成一致的核心。他是异质性群体形成组织化群体的第一要素，并为派别的形成做好充分准备。同时，他指引着他们。群体就好比羊群，没有了领头羊，将混乱不堪，一事无成。

领袖最初往往也是被领导者。他本人被某些思想观念俘虏，自此变成它虔诚的信徒。他对这些观念的痴迷让他感受不到任何其他事物。在他看来，一切相反的观念都是谬论或迷信。罗伯斯庇尔就是一个典型的例子。他对卢梭的哲学观念沉迷不已，为了宣传其思想，不惜采取宗教裁判所的手段。

通常，我们所说的领袖是实干家，而非思想家。他们没有远见卓识，也不可能拥有这些特质，因为这些特质容易让人多疑，优柔寡断。因此，在有病态神经质、容易兴奋或近乎癫狂的人当中，最容易产生领袖。不论他们坚持的观念或追求的目标多么荒诞，他们都是如此坚定，任何理性思维都无法影响他们。别人的轻藐和迫害丝毫不能对他们产生负面影响，或许还会让他们更加兴奋。他们甘愿牺牲个人利益、家庭，甚至一切。在他们身上，自我保护的本能消失殆尽。除了以身殉道之外，他们别无他求。他们强烈的信仰，让他们的话具有极大的暗示力量。群体始终愿意听从意志坚强者的话，因为他知道如何把自己的意志强加于人。当人们聚集在一起，就会失去自己的意志，本能地转向那个拥有自己所缺乏品质的人。

历史上，任何一个民族都不缺乏领袖。但是，他们并不像使徒那样，受到某种强烈信念的激励。他们往往是巧言令色之人，一味追求私利，并且善于通过迎合大众本能的方式来说服众人。他们可能在群体中产生巨大影响，但只是一时的。

那些有着狂热信仰，触动群体灵魂的人，如隐士彼得、路德、萨沃纳洛拉以及法国大革命中的众多人物，都是首先自己沉迷某种观念与信仰，然后才能让别人也神魂颠倒。如此，他们就在同伴中唤起一股被称为信仰的坚不可摧的力量，它让人完全成为自己梦想的奴隶。

唤起信仰，不论是对宗教、政治或社会的信仰，还是对一本书、一个人或一种思想的信仰，一直是伟大的群众领袖的作用。正因为如此，他们的影响力是极其强大的。在人类的所有力量中，信仰的力量是无与伦比的。福音书上说，信仰有移山跨海的力量，这一点儿也不假。一个人有了信仰，就有了十倍于平时的力量。重大的历史事件都是由一些名不见经传的信徒一手造成的，他们除了坚信不疑的信仰以外，几乎一无所有。举世闻名的伟大宗教，或者横跨半球的大帝国的建立，也不是依靠学者或哲学家的帮助，更不是依靠怀疑论者的援助。

不过，在上述事例中，我们论述的是伟大领袖，他们寥寥无几，史学家甚至可以一一列举。他们构成一个连续体的高峰。在这个连续体中，既包括位高权重的统治者，也包括一些工人，他们在烟雾缭绕的小酒馆里，喋喋不休地向同伴灌输一些话语，并渐渐让后者也痴迷于此。这些话语他们也一知半解，但他们宣称，只要将它们付诸实践，就一定会实现所有梦想和希望。

不管地位高低，一个人只要脱离了孤立状态，处于某个社会领域，便立刻会受到某个领袖的影响。大多数人，尤其是在群体中时，对自己专业以外的任何其他事物不会有一个清楚而合理的想法。领袖引导着他们。有时候定期刊物也可以取代他们的引导作用，尽管效果很一般。它们向读者发表意见，给他们提供现成的套话，免去他们推理的麻烦。

群体领袖行使着非常专制的权力，而这种专制成为他们获得追随者的前提条件。人们观察到，即便群体领袖没有任何强有力的支撑自己权威的手段，也能轻易让工人阶级中最狂暴的人服从自己。他们规定工作时间和工资比例；他们发布罢工命令，决定罢工开始和结束的时间。

现如今，由于公共权力越来越被群体质疑，权力日益分散，群体领袖越来越倾向于攫取公共权力。一旦成功，这些新统治者的暴政让群体比对以往任何一个政府都更温顺地服从。如果由于某种原因，领袖退出了政治舞台，群体又会回到当初那种群龙无首的状态中。在巴黎，曾出现过一次公共马车雇员的罢工活动，当两个罢工领袖被抓起来后，罢工活动便立即结束了。在群体灵魂中，始终占据主导地位的不是对自由的需要，而是对奴役的需要。他们心甘情愿地听从别人的意志，一旦有人自称是他们的主人，他们便会本能地表示臣服。

群体领袖和煽动者大致可以分为两类，一类充满活力，却只是间歇性拥有坚强意志力；另一类则罕见得多，拥有持久意志力。前一类人勇敢、大胆、果决，特别擅长领导突然决定的暴动，或带领群众赴险，让初出茅庐的新兵在一夜之间变成英雄。拿破仑时期的内伊和缪拉就是这样的人，我们这个时代的加里波第也是如此。加里波第虽一无所长，却是个十足的冒险家，带领一小撮人就能占领有着纪律严明军队的那不勒斯王国。

尽管这类领袖有着不可轻视的力量，但他们是暂时的，不能持久，很难比使其发挥作用的激动人心的事件更持久。当这些英雄回归往常的普通生活时，就像我上面提到的那些人一样，往往会暴露出惊人的性格弱点。尽管他们能领导别人，却好像没有在最简单的环境下思考和支配自己行为的能力。对这类领袖来说，要想发挥自己的领袖作用，他们先得接受别人的领导，并不断地接受其他领袖的刺激。他们总是把某个人或某种观念作为指路明灯，遵循一条明确规划的行动路线。

而另一类领袖，也就是有着持久的坚强意志力的人，尽管未必像第一类领袖那么光彩夺目，却有着更大的影响力。宗教和伟业的真正奠基人，像圣保罗、哥伦布和德·雷赛布等，都属于这一类人。他们是睿智聪明还是心胸狭隘无关紧要：世界属于他们。他们所具备的持久意志力有着罕见而强大的力量，甚至能征服一切。强大而持久的意志力究竟能成就什么，一直未得到应有的重视。没有什么能拦得住它，不论是自然、上帝，还是人。

最近的一个例子是德·雷赛布。他把世界分成东西两半，并完成了一项过去三千年里最伟大的统治者也未曾实现的事业。后来他在一桩类似的事业上失败了，但那是因为他年事已高，岁月能让包括意志力在内的一切俯首。

要想知道意志的力量，我们只需翻阅关于开凿苏伊士运河时人们克服了多少困难的历史记载。一位目击者用令人印象深刻的寥寥数语，将这项不朽工程的缔造者所讲述的整个过程展现在人们面前：

> 一天又一天，一期又一期，他津津乐道于那个令人震惊的运河故事。他告诉别人自己怎样克服各种困难，又如何将所有的不可能变成可能，自己所遇到的一切反对意见和反对者；这一切失望、逆境、挫折和失败都没能使他气馁或沮丧。他回忆起英国人是如何打击他，法国人与埃及人是多么举棋不定；他没有忘记法国领事馆在工程初期如何带头反对他，为了阻止他施工而制造一些恶毒事件，比如，试图用拒绝供应饮用水的方式让他的工人逃跑。他还告诉人们，在当时，一切经验丰富、有较高科学素养和责任感的人，全都与他为敌，就连海军部长和工程师也不例外。他们以科学判断为依据，声称工程会导致一场灾难，并且就像预测日食一样，预测了这场灾难爆发的日期和时间。

这些伟大领袖在历史上极为少见，但他们的名字与文明史上最重大的事件密不可分。

（2）领袖的行动方式：断言、重复、传染

若想在短时间内让群体兴奋起来，加入某种行动的行列中，如掠夺王宫、誓死捍卫某个要塞或阵地，就必须通过暗示让群体迅速地做出反应。其中最有效的就是榜样。但是，

要达到这个目的，群体事先得有一些环境上的准备，首要的就是，想要影响它的人应该具备某种我称之为威望的品质。

但是，当领袖试图用观念和信念，如现代各种社会学说，来影响群体头脑时，他们采取的方法各个不同。主要的方法有三种，也最明确，它们就是断言、重复和传染。它们不会立竿见影，但一旦生效，就会产生持久的效果。

简洁有力的断言，不依靠任何推理和论证，这是让某种观念深入群体心中最可靠的办法之一。一个断言越是简单明了，推理和论证越贫乏，就越有分量。每个时代的宗教典籍和法律典章，都借助于简单明了的断言。号召人们站起来捍卫某项政治事业的政治家，利用广告推销商品的商人，都熟谙断言的价值。

然而，断言要发挥作用，还需要尽可能地以同样的措辞不断重复。我相信，是拿破仑曾说过："只有一种重要的修辞方式，那就是重复。"得到断言的事情，通过不断重复而在群体心里扎根，最终被当作一个得到验证的真理接受。

只需看看重复对最聪明的头脑所发挥的力量，就会明白它对群体的影响力。这种力量来自这一事实，即不断被重复的断言会长久地停留在人脑中无意识自我的深层区域，而这里正是行为动机形成的地方。随着时间的流逝，我们可能会忘记创造断言的人，却对断言本身深信不疑。广告之所以会有那么大的威力，原因也在于此。当我们一百次一千次读到，某个牌子的巧克力是最美味的巧克力，我们会想象自己已经在很多地方听到过这种说法，最终把它当作事实。当我们成百上千次读到，某个牌子的药粉治愈了某些知名人士的痼疾，那么当我们患上类似疾病的时候，便会毫不犹豫地去试用这种药。如果我们总是读到同样的报道，称某人是十恶不赦的流氓，而另一个人则是个诚实的人，我们便会认为这就是真相，除非我们正好读到另一份相反的报道，对两人品质的描述恰好颠倒过来。断言和重复本身就足够强大，足以相互对抗。

如果某个断言得到充分重复，且这种重复保持一致——就像某些著名的金融项目所发生的那样，它们富有到足够收买所有参与者——所谓的舆论潮流就形成了，强大的传染作用开始奏效。

在群体中，观念、情感、情绪和信仰拥有如病菌一样强大的传染力。这种现象是很自然的，因为当动物聚集成群时，也会出现这种现象。当马厩里有一匹马攻击饲养员，其他马也会仿效；羊群中，一旦有几只羊产生恐惧感，很快整个羊群也瑟瑟发抖。在人群中，所有情绪同样会迅速传染，这就是群体产生突发性恐慌的原因。头脑混乱就像疯狂一样，本身是可以传染的。精神病医生自己很可能也会变成精神病患者，这早已广为人知。事实上，有人提及某些疯病，如广场恐怖症，能由人传染给动物。

个人受到传染，并不需要在同一时间站在同一个地点。有些事情能让群体所有成员产生一种共同的倾向，或让群体形成一种共有的性格，在它的影响下，即便群体成员相距甚远，也能感受到传染所带来的作用。当人们的思想已经准备好接受前面所列举的那些间接因素影响的时候，更是如此。一个很好的例子是1848年革命，它爆发于巴黎，短时间内传遍了大半个欧洲，让许多王权摇摇欲坠。

在社会现象中有很大影响的模仿，实际上只是一种传染效应。我已经在别的地方论述其影响力，这里只引用一段多年前说过的话。这个评论在最近的出版物中得到其他学者的进一步阐述。

> 人和动物一样，天生具有很强的模仿倾向。模仿对他而言是一种需求，前提是这一模仿很简单。正因为如此，时尚才会有如此强大的威力。不论是意见、观点、文学作品，还是仅仅在衣着打扮上，有几个人有足够大的勇气与之为敌？引导群体的是榜样，而非论证。
>
> 在每个时期，都有一小撮人独树一帜，并被无意识的群体所模仿。不过，他们的个性一定不能与广为接受的观念有太过明显的分歧。否则，模仿他们会变得很

困难，他们能产生的影响力将很微弱。正因为这样，那些过于超前自己时代的人，一般无法对那个时代产生影响。两者之间的界限太过分明。同样也是因为这个原因，尽管欧洲文明有很多优点，依然只能对东方民族产生微乎其微的影响，因为两者的差别实在太大了。

从长远来看，在过去和模仿的双重作用下，同一个国家和时代的人会非常相似，即便是那些看似能摆脱这种双重影响的人，如哲学家、博学之士和文人等，他们的思想和风格也会散发出某种相似的气息，使人们能立刻辨别他们所处的时代。若想全面地了解一个人所读的书、他的日常职业和生活环境，我们无须同他长时间交谈，随便闲聊一会儿即可。①

传染的威力极大，它不仅能让群体中的成员接受某些观念，还能让他们接受某些情感模式。正是因为传染，某些作品在某个时期内遭受群体蔑视，比如《唐豪塞》。可是，几年后，这些人又因为同样的原因而大力赞赏它们。

群体的观念和信仰不是通过推理，而是通过传染传播的。目前在工人阶级身上流行的观念是他们在公共场合获得

① 勒庞：《个人与社会》第2卷，1881年，第116页。

的，是断言、重复和传染的结果。事实上，各个时代的群体建立信仰的方式是极为相似的。勒南公正地指出，基督教的第一批创始人和“从这个地方到那个地方传播社会主义的工人”在本质上是一样的。

应当看到，在类似于我刚才提到的案例中，当传染作用在大众阶层中扩散开来后，会进一步蔓延到社会上层。这就是我们今天在社会主义信条方面看到的情况，它正在被那些将要成为其第一批斗争对象的人所接受。传染具有如此大的威力，在它的作用下，甚至连个人利益的意识都销声匿迹。

这就是为什么，凡是为民众所接受的观念，不论它有多么荒谬，最终都会在社会最上层扎根。这种下层阶级对上层阶级的反作用是颇为奇特的，因为群体的观念总是或多或少起源于更高深的观念，而后者经常只能困在自己发源的圈子里无所作为。领袖和煽动家被这种更高深的观念征服后，利用它、扭曲它，以之为支撑创立另一个派别，然后在群体中加以传播。而群体成员又会更进一步歪曲改造。当这种观念最终变成群体心目中的真理，它就会被带回自己的发源地，并对社会上层产生一定影响。

从长远角度看，塑造世界命运的是人类的智力，但这是相当间接的。当哲学家的思想经过上面描述的过程终于获胜，那些提出观念的人早已化为尘埃。

（3）威望

那些在环境中经过断言、重复、传染而被传播开来的观念，会获得神秘的力量，也就是威望。

世界上一切统治力量，不论是人还是观念，基本都得借助“威望”这种让人无法抗拒的力量来加强自己权力。关于这个词，几乎每个人都知道它的词义，但它的用法太多了，很难给它下一个准确的定义。威望可能包括赞美或畏惧这类情绪，这些情绪有时甚至构成它存在的基础。但即使没有它们，威望也能继续运作良好。

最大的威望由死人拥有，即那些不再让我们害怕的人，如亚历山大、恺撒、穆罕默德和释迦牟尼等。另一方面，有一些我们不赞美而是畏惧的虚构人物，例如，印度地下神庙里的可怕神灵，也被赋予崇高威望。

在现实中，威望是某个人、某本著作或某种观念对人脑的支配力。这种支配力会让我们的批判力完全处于麻痹状态，让我们处于惊奇和敬畏之中。这种被激发的情感和所有其他情感一样，是让人费解的，但是，从某种程度上看，它和魅力人物所引起的幻觉是一样的。威望是一切权威的主要源泉，离开它，不论是神仙、国王，还是美女，都没有了用武之地。

威望多种多样，大致可以分为两类：先天的威望和个人威望。先天的威望来自各种头衔、财富和名誉。它可能与个人威望无关。而个人威望正相反，本质上是个人所特有的东西。它可以和名誉、荣耀、财富等共存，或因它们而加强，但即便没有它们，个人威望也完全可能存在。

先天或人为的威望更为普遍。一个人只要有一官半职、财富或某种头衔，就足以让他享有威望，不管他本人多么无能。一身戎装的士兵，身穿法袍的法官，总能让人们肃然起敬。帕斯卡尔恰当地指出，法袍和假发是法官不可或缺的道具。没有了这些东西，他们的权威会大打折扣。即便最正直的社会主义者，也会为王公侯爵的形象所触动。一个人拥有这样的头衔时，掠夺商人的财产也变得轻而易举。①

---

① 头衔、勋章和制服对群体的影响在所有国家都可以见到，即使在那些个人独立情绪最强烈的国家也不例外。我引用了最近一本游记中的一段奇怪文字，是关于一些大人物在英格兰享有的威望的。

“我观察到，在各种情况下，即使最知书达理的英国人，只要与一位英国贵族有丁点接触，都会产生一种奇特的飘飘然之感。”

“只要贵族有足够财产维持自己的地位，他就可以相信人们会爱戴他。只要与他有联系，他们就会沉迷不已，愿意付出一切。他们会因为他的到来而脸红心跳，如果他跟他们交谈，他们会受宠若惊，眼睛闪闪发光。可以说，他们的血液里流淌着对贵族的尊重，就像西班牙人热爱舞蹈、德国人热爱音乐、法国人热爱革命一样。对于马和莎士比亚，他们的热情远没有这么强烈，从中获得的满足和骄傲也不过是他们生活中不太重要的一部分。关于贵族的书销量极广，几乎人手一本，就像《圣经》一样。”

上述威望是由人来行使的。除此之外，还有由观点、文学和艺术作品等行使的威望，它们通常是多年以来日积月累不断重复的结果。历史，特别是文学和艺术史，不过是对某些判断的循环往复。没有人想去证实，大家都只是重复从学校里学到的东西，直到最后这些东西变成没人敢质疑的称号和事物。对于一个现代读者来说，荷马的著作读起来着实无聊，但谁敢真这么说呢？现在的巴特农神庙不过是一堆毫无意义的破败废墟，让人提不起半点兴趣，但它被赋予了巨大的威望，因此，在我们看来，它根本就不是废墟，而是伴随着所有相关的历史记忆。

威望的特点就是麻痹我们的判断力，阻碍人们看到事物的本来面目。群体和个人一样，在所有事情上都需要有现成的意见作为依据。而这些意见的受欢迎程度与其对错无关，只与威望的大小有关。

接下来谈谈个人威望。它的性质与我们前面所说的先天或人为的威望截然不同。这是一种与所有头衔和权威都不相关、只为少数人所具备的威望。哪怕缺乏任何常规的统治手段，这些人也能对自己周边社会地位相当的人施展一种真实的魔力。他们能迫使周围的人接受他们的思想与情感，就像驯兽师驯服吃人猛兽一样获得后者的服从。

群体中的伟大领袖，如释迦牟尼、耶稣、穆罕默德、圣女贞德和拿破仑，都在很大程度上拥有这种威望，他们所取得的地位也和这种威望密不可分。神、英雄和教条在它们内在力量的世界里获得了胜利。它们不能被讨论，否则就会立即消散无踪。

我提到的这些伟人，在成名之前就散发出强大魅力，而一个人如果没有这种魅力，就永远不会有这种魅力。例如，很明显，拿破仑在踏上权力巅峰后，仅仅因为至高无上的权力就享有巨大的威望。但他在没有任何名气、不具备这种权力之前，就已经拥有相当大的威望了。

在他还是个无权无势的小将军的时候，一些有权有势的人出于保护他的意图，派遣他去意大利指挥军队。刚上任，他就发现自己被一群愤怒的将军围攻。他们想给这个总督派来的年轻外来户一点颜色瞧瞧。拿破仑没有借助于任何语言、姿态或是威胁，但这些人第一眼见到这个注定要成为大人物的将军时，便立即被征服了。泰纳根据当时的回忆录，对这次会面做了有趣的描述：

师部将军中包括奥热罗，一个有勇无谋的武夫，以自己高大和彪悍为荣。他和其他人来到军营，对巴黎委派过来的那位暴发户满心厌恶。他从其他人那里得知各种有关拿破仑的传闻，不屑一顾：拿破仑是巴拉斯的宠儿，因旺代事件而获得军衔；读书时最知名的是街头斗殴；仪表不佳，常常沉溺于对某些低劣问题的思考之中，因而又有数学家和幻想家的名声。

他们被带到军营，但是拿破仑下令让他们在外面等候。过了一段时间，他才佩带着自己的剑出来了，他戴上帽子，解释他所采取的措施，下达命令，然后宣布解散。

这期间，奥热罗一直沉默不语，直到出门后他才找回往常的那个自己，恢复平常的说话语调。他告诉马塞纳，这个个子矮小却又极像魔鬼的将军让他感到敬畏，这位将军有着一股他无法理解的气势，一下子就把他压倒了。

当拿破仑变成大人物之后，他的威望和荣耀齐头并进。至少在他的追随者看来，他和神灵不相上下。旺达姆将军，一个比奥热罗更粗鲁狂野的典型革命军人，1815年与阿纳诺元帅一起走上杜伊勒利宫的楼梯时坦承："那个恶魔一般的男人似乎对我施展了幻术，连我自己也不明白为何他有如此大的威力。尽管我既不惧怕上帝，也不惧怕魔鬼，可是一看到他，我就会像个小孩一样吓得直发颤。就算他让我去钻针眼或投向火海，我也无法反抗。"

拿破仑对所有与他接触的人，都能产生类似的魔力。①达武在提及马雷和自己的忠诚时常说："如果皇帝对我们说'毁灭巴黎，不要有一个漏网之鱼，这对我的计划举足轻重'，我相信马雷尽管不会迂腐到不让自己家人离开这座城市，也一定会守口如瓶。而我则会因为害怕走漏消息，把妻儿老小留在家里。"

我们必须牢记这种魔力所具有的惊人力量，才能理解拿破仑从厄尔巴岛重返法国的神奇之旅。他只身一人，面对整个可能对他的暴政深恶痛绝的国家，却闪电般地征服整个法国。只要他看一眼，那些被派来阻止他，且发誓要恪守命令的士兵们，立即表示屈服。

---

① 拿破仑深知自己的威望，而且他对待周围有头有脸的大人物的态度，比对低级士兵还不如，哪怕其中不乏名震欧洲的国民公会的大人物，因为他知道，越是如此，就越能提升自己的威望。关于这一点，当时的传言比比皆是。一天，在国务会议上，拿破仑粗暴地辱骂伯格诺，把他当作一个犯错的仆人对待。效果不错，他走过去对他说："喂，傻瓜，你重新找到你的脑袋了吗？"于是，身材高大的伯格诺低低地弯下腰去，而小个子的拿破仑举起手，揪住他的耳朵。伯格诺写道："多么令人心醉的表示，这是一位宽宏大量的主人的亲昵手势。"这个例子清楚地表明，威望能激起多大程度的卑躬屈膝。它使我们能够理解，这位伟大的暴君对他周围的人是多么蔑视——他只是把这些人视为草芥。

英国将军吴士礼曾写道："拿破仑，一个从厄尔巴岛回来的逃犯，几乎只身一人回到法国，在短短几周之内便兵不血刃地推翻了法国合法国王的统治。还有什么更惊人的方式来证明一个人的权势吗？在他的最后一场战役中，他从头到尾都以一种惊人的气势压倒了反对他的联盟！他牵着对方的鼻子走，几乎要击垮他们！"

拿破仑的威望比他的寿命更长，在他死后仍然有增无减。得益于他的威望，他一个籍籍无名的侄子得以称帝。[①]纵然是在今天，有关他的传奇故事仍被世人传颂，可见人们对他的怀念之情是多么强烈。

只要你有足够的威望和维护它所必需的天赋，你就可以随心所欲地残害他人，屠杀成千上万的人，反复发动侵略战争。这指的就是拿破仑这样的人。

确实，以上我所举的是一个相当特殊的例子，但它非常有助于我们认识那些伟大的宗教、学说和帝国的起源。如果不是因为威望对群体所施加的影响，这些发展将是不可思议的。

然而，威望并不仅仅建立在个人的权势、军事业绩或宗教恐怖的基础上。它也可能有一个平凡但同样很可观的来

---

① 指拿破仑三世。——编者注

源。我们这个时代就有不少这样的事例。其中一个注定要让后人惊叹不休的，便是将大陆一分为二，改变了地球面貌和各国商贸关系的德·雷赛布的故事。他能顺利完成这一壮举，不但因为他有无比强大的意志力，还因为他能让周边的人为之倾倒。为了平息所有的反对声，他只需表明自己的立场。他言辞简洁明了，无时无刻不流露出可以化敌为友的魅力。英国人对他的反对尤其强烈。但他本人一露面，英国人便都把选票投给了他。几年后当他路过南安普顿，一路上教堂钟声连续不断。后来，英国又掀起一场为他建立一座雕像的运动。

征服了一切要征服的人、事、物之后，雷赛布不相信世上还有能阻挡住他的事情，于是想在巴拿马开挖苏伊士运河。他照旧采用老办法来开展这项工程，但这时候他已经上了年纪，而且，纵使他有移山填海的信念，但如果山太高了，也只能徒唤奈何。群山在抵抗，接踵而至的灾难摧毁了这位英雄身上闪耀的光环。

他的一生告诉我们，威望可以如何增长，又如何消失。在取得了媲美历史上最伟大英雄的成就之后，他竟然被祖国的官僚打成了最卑贱的罪犯。他悄无声息地离开人世，灵柩所经，是一群漠然的看客。只有外国君主对他这位历史上最伟大的人物之一致敬纪念。①

上面所提到的依然是极端的例子。要想详细研究关于威望的心理，需要将其置于一系列极端情境中，从某种宗教或帝国的创立者，到那些试图用一件新外套或一件装饰品让邻居羡慕的人。

---

① 一份奥地利报纸，维也纳的《新自由新闻报》，以最明智的心理洞察力对德·雷赛布的命运进行了深入思考，试引用如下：

“在对费迪南德·德·雷赛布的谴责之后，我们再没有资格对克里斯托弗·哥伦布的悲惨结局大惊小怪。如果费迪南德·德·雷赛布是个无赖，那么每一个高尚的幻想都是罪恶。古人会给雷赛布奉上荣耀的光环，让他在奥林匹斯山上喝着盛在碗里的甘露，因为他改变了地球的表面，使造物主的成果更完美。上诉法院的主席通过谴责雷赛布，把自己永远钉上了耻辱柱，因为人们会一直询问，到底是谁，竟敢让一个同时代人引以为荣的老人戴上囚徒的帽子，让自己的时代蒙羞？

“我们不要再谈论僵化司法的未来，这种司法中占主导地位的是官僚主义对大胆壮举的仇视。国家需要大胆的人，他们充满自信，罔顾自己的人身安全，勇敢克服每一个障碍。天才不可能谨慎，谨小慎微永远不能扩大人类活动的范围。

“费迪南德·德·雷赛布经历过胜利的喜悦和失望的苦涩——在苏伊士和巴拿马。在这一点上，我们的心灵要厌恶成王败寇的道德观。当雷塞布成功地连接两个海洋时，君主和国家都对他致敬；如今，当他因为科迪勒拉山脉的岩石而失败时，他一下子变成了一个庸俗的流氓……在这一结果中，我们看到了社会各阶级之间的斗争，官僚和政府雇员的不满，他们借助刑法对那些超然于同侪者打击报复……现代立法者在面对人类天才的崇高理想时，充满了沮丧；公众对这类想法就更不理解了，而且仅仅一个辩护律师就可以轻而易举地证明斯坦利是杀人犯，雷赛布是骗子。”

在这两个极端之间的过渡地带，我们可以找到构成文明的不同要素，如科学、艺术、文学等形成的各种形式的威望。我们还能发现，威望是说服群体的基本因素。不管是否有意识，有威望的人、观念或事物一旦被传染，立即会被模仿，并且会迫使整个时代的人采用某些方式来感受和表达其思想。而且，一般情况下，这种模仿是无意识的，这就是为什么它具有彻底性。现代画家模仿原始人的单调色彩和僵硬风格所做出来的画，远远不及他们灵感的来源那么鲜活。他们相信自己的真诚，但是，如果没有一位杰出大师能够复原这种艺术形式，人们就会继续只看到这种风格低劣幼稚的一面。而那些模仿另一位著名绘画师的绘画风格的人，在画布上涂满了紫罗兰的暗影，但是他们并没有比50多年前的绘画师在自然界观察到更多的紫罗兰。他们只不过是受到了另外一位画家个人特定印象的影响或者暗示，尽管这位画家行为古怪，却有很高的先天的威望。在文明的全部因素中，类似的例子举不胜举。

由上可知，威望的产生可能涉及多个因素，而其中最重要的永远是成功。任何一个成功的人，任何一个得到群体肯定的观念，都会因为成功这个事实而免遭质疑。成功是通往威望的重要台阶。证据是，一个成功的消失，几乎总是伴随着另一个成功的消失。昨天还深受群体拥护的英雄，今天可能会因为失败而遭到羞辱。确实，威望越大，反噬会越强烈。

在这样的情况下，群体将坠落的英雄视为与自己平等，并因为自己曾经屈从、现在不再承认其高高在上的地位而展开报复。当罗伯斯庇尔处死他的同伙和许多同时代人时，他拥有强大的威望。但当一些选票倒戈剥夺了他的权力，他立刻失去了威望，群众追着将他送上断头台，发出的诅咒与之前对他的那些受害者一样。信徒们总是会毫不留情地打碎他们之前的神的雕像。

缺少成功支撑的威望，会在短时间内迅速消失。它也会被讨论所磨蚀，不过这需要比较长的时间。但后一种力量是极其稳固的。一旦威望被质疑，它便不再是威望了。那些能够长期保持威望的神或人，从来不容忍讨论。为了得到群体长期的敬仰，他们必须与讨论保持距离。

第四章

群体信念和意见的可变范围

（1）固定的信念。某些普遍信念的不变性/它们塑造了一个文明的进程/根除它们的困难/不宽容在什么情况下是一个民族的美德？/哲学上的荒谬不能妨碍一种信念的传播。（2）多变的意见。非来自普遍信念的意见的极端多变/不到一百年里思想和信念的明显变化/这些变化的真正限度/受到多样化影响的事物/目前普遍信念的消失，以及报纸的广泛发行，导致了意见日益多变/为什么群众对大多数问题倾向于漠不关心/政府无力像以前一样干预意见/意见的极度分歧避免了专制。

（1）固定的信念

生物的解剖学特征和心理特征有很多相似之处。在解剖学特征中，有一些不变的或几乎不变的因素，它们的改变需要以地质年代来计算。除了这些稳定的、不可摧毁的特征之外，生物还具有一些极易改变的特征，养殖者或园艺家稍微施展一下手段就能改变，有时甚至会为那些漫不经心的观察者所忽略。

同样的现象发生在道德特征上。一个种族既有不可变的心理因素，也有流动的、可变的心理因素。因此，在研究一个种族的信仰和意见时，我们总会发现，在一个牢固的基础上，有一些如同岩石表面的流沙一样变化的表层观点。

故，群体的意见和信念可以分成大不相同的两个层次。一方面，我们有伟大的、永恒的信念，它们延续了数百年之久，是人类整个文明的基础。过去的封建主义、基督教和新教，今天的民族主义原则、民主和社会主义观念即是此类。另一方面，我们还有短暂的、易变的意见，一般是通行学说的产物，每个时代都会看到它们的起起落落。它们的例子包括塑造文学和艺术的各种理论，如那些创造了浪漫主义、自然主义或神秘主义的理论。通常情况下，这些意见是肤浅的，表面的，像时尚一样善变。它们就像湖面上不断出现又消失的涟漪。

伟大的普遍信念并不多。它们的兴衰构成了所有文明种族历史中的重大节点。它们是人类文明的真正骨架。

向群体的头脑灌输一时的意见不难，但要植入一种持久的观念就是另一回事了。不过，一旦植入成功，要想根除它也会很困难，通常只能采取暴力革命的方式。即使是革命，也只有在这种信念已无法对人脑产生控制力时才能奏效。这时候，革命的作用就是完全清除那些几乎已被抛弃的东西，因为习惯让人们对它们难舍难分。一场革命的开始，事实上是一种信念的灭亡。

一种普遍信念衰亡的准确时间很好辨认，也就是它的价值受到质疑之时。每一种普遍信念都是虚构的信念，它只能在不受检验的条件下存在。

但是，即使某种信念受到严重冲击，在它基础上建立起来的制度仍然会保持自己的力量，只会慢慢衰落。最后，当信念的威力消失殆尽，建立在其上的一切也会迅速土崩瓦解。迄今为止，还没有哪个民族能够在改变信念的过程中，不同时改变其文明的所有要素。它们会不断进行转变，直到整个民族偶尔发现并接受了一种新的普遍信念。在此之前，它们会一直处于无政府的混乱状态之中。普遍信念是人类文明必不可少的支柱，它们决定着思想的走向。它们本身就能激发群体信仰，产生责任意识。

世上所有民族都始终意识到获得普遍信念的好处，并本能地认识到，一旦这种信念消失，自身的衰败也便不远了。拿罗马来说，对罗马的狂热崇拜这种信仰，使得罗马人成为世界的主人。而当这种信念渐渐消亡，罗马也注定走向衰亡。而那些毁灭了罗马文明的野蛮人，只有在他们形成了某种广为接受的共同信念后，才获得了某种程度的凝聚力，并摆脱无政府状态。

各个民族在捍卫自己观点的过程中，总是表现得非常偏狭，这并不是无缘无故的。这种偏狭虽然在哲学上是可以批评的，却代表着民族生存不可或缺的美德。正是为了建立或维护普遍信念，在中世纪，许多受害者被送上火刑柱，很多发明家和革新者要么殉道，要么绝望而死。也正是为了捍卫这种普遍信念，世界上经常出现可怕的战乱，成千上万的人死于战场或即将死在那里。

建立普遍信念的路途遍布荆棘，但是一旦它被建立起来，它在很长一段时间内都具有一股不可征服的力量。无论它在哲学上有多荒谬，它都会进驻最聪明的头脑。过去一千五百多年里，欧洲各民族不是一直将宗教神话视为不可争辩的事实吗？尽管仔细研究就会发现，这些神话就像莫洛克的传说一样野蛮。[①]耶和华因为自己创造出来的人类不听话，就要对他的儿子施加可怕的刑罚，这种神话的荒谬可怕，在几百年里都不曾被发现。就连那些有过人天赋的

① 我的意思是，从哲学上看，它们是野蛮的。但在实际情况中，它们创造出了一个全新的文明，而且在一千五百年里，让人类瞥见了那些充满迷人梦想和希望的领域，这些领域他们无从知晓更多。

学者，如伽利略、牛顿、莱布尼茨，也不曾质疑过这些教义的真实性。没有什么比这更能典型地说明普遍信念的催眠作用，也没有什么更能决定性地表明人类智慧的可悲局限性。

一旦新教条在群体的头脑中扎根，它就会变成灵感的源泉，演化出各种制度、艺术和生活方式。在这种情况下，它对人们思想的影响是绝对的。实干家除了实现普遍信念外别无他想，立法者一心想把它付诸实行，而哲学家、艺术家和文人专注于如何用各种不同的方式表达它。

基本信念中可能会派生出一些短暂的附属观念，但它们总是带有产生它们的信念的印记。埃及文明、中世纪的欧洲文明和阿拉伯地区的穆斯林文明，都是少数几种宗教信仰的产物。这些宗教信仰在这些文明最不重要的元素中留下了自己的痕迹，让人们认识到它们的存在。

因此，由于普遍信念，每个时代的人都被各种传统、意见和习俗所组成的网络所包围，这使人们彼此相像，他们无法摆脱这种束缚。

人们的行为，首先受到他们的信念支配，同时也深受在这些信念影响下形成的习俗的支配。这些信念和习俗控制着我们生活中最微不足道的行为。最具独立性的精神，也摆脱不了它们的影响。对人们头脑中的无意识施加的暴政，是唯一真实的暴政，因为它是无法反抗的。提比略[①]、成吉思汗和拿破仑无疑都是可怕的暴君，但是摩西、释迦牟尼、耶稣和穆罕默德却从他们的坟墓深处，对人类思想施加了一种更严苛的影响。阴谋可以推翻一个暴君，但什么才能推倒那些坚不可摧的信念？法国大革命曾经与罗马天主教会展开暴力较量，但它失败了，尽管它明显赢得了群体的同情心，尽管它借用了宗教裁判所那样无情的破坏性措施。人类所知道的唯一真正暴君，一直都是对死者的记忆，或者他们自己制造出来的幻觉。

普遍信念通常具有的在哲学上的荒谬性，从未阻碍它们获胜。事实上，这些信念如果不具备某种神秘的荒谬性，反而无法获胜。

（2）多变的意见

前文已经论述了固定的信念的强大力量。在这样的基础上，我们可以看到许多意见、观念和思想的不断涌现和消亡。它们有的朝生暮死，即使很重要的也很少能存活超过一代人的时间。

我已经说过，这种层次的意见变化通常不过是些表面现

① 罗马第二任皇帝（14—37 年在位）。——编者注

象而非事实，它们总是受到种族意识的影响。比如，在研究法国政治制度时我曾指出，表面上截然不同的各个政党，如保皇派、激进派、帝国主义者和社会主义者等，都有一个绝对一致的理想，它是由法兰西民族的精神结构所决定的，因为在其他民族中我们也可以找到名称相似但截然对立的理想。不论是给那些意见命名，还是各种自欺欺人的改造，都不会改变其本质。法国大革命时期那些深受拉丁文化熏陶的人，尽管眼睛始终专注于罗马共和国，并且沿用它的法律、权标甚至法袍，但是依然没有变成罗马人，因为他们处于一个有着强大历史暗示的帝国统治之下。哲学家的任务就是从观念的表面变化入手，挖掘出支撑它们的深层东西，从不断变化的意见中找到那些受普遍信念和种族特点支配的部分。

如果不进行这样的哲学考察，我们或许会以为，群体经常随意地改变他们的政治或宗教信念。一切历史，不论是关于政治、宗教、艺术还是文学的历史，似乎都证明了这一点。

不妨看看法国历史上很短的一段时期——1790—1820年，正好30年，一代人的时间。这期间，在政治上，我们看到群体从支持君主制转变为支持革命，然后又变成极端的帝国主义者，最后又再度支持君主制。在宗教上，他们一开始信奉天主教，之后变成坚定的无神论者，然后变成自然神论者，最后再次皈依天主教。这些变化不仅发生在群体的成员中，也同样发生在他们的领袖身上。我们惊讶地观察到，那些国民公会中的显要人物，那些国王的死对头，既不相信上帝也不相信主人的人，竟然会心甘情愿地臣服于拿破仑的统治；而之后在路易十八的统治下，他们又和其他人一样，虔诚地手持蜡烛，加入宗教游行中去。

在接下来的70年里，群体的意见又多次发生变化。世纪初被痛斥的“背信弃义的英国人”，在拿破仑三世统治时期变成了法国人的同盟者。而曾两度被法国侵略的俄国，曾经幸灾乐祸地看着法国人内讧，最后也变成了法国的盟友。

在文学、艺术和哲学上，观念的更替更为迅速。浪漫主义、自然主义、神秘主义和怀疑主义等轮番登场，此起彼伏。一位昨天备受追捧的艺术家或作家，明天就可能被人骂得狗血喷头。

然而，当我们分析所有这些表面变化，我们发现了什么？一切与种族的普遍信念和情感相违背的意见、观念和思想，都寿命不永，分叉的河流终归会回到主河道上。那些与种族的普遍信念或情感毫无关系因而缺乏稳定性的意见，只能听任时机的摆布，或者更准确地说，听任周围环境每一次变化的摆布。它们因暗示和传染而形成，总是寿命短暂。它们速生速灭，就像海边沙滩上的沙丘一样。

现如今，群体的意见比以往任何时候都多变，这是由三个原因造成的。

第一，以往的信仰越来越失去影响力，它们不能再像过去那样，制造各种短暂的观点。普遍信念的衰落，为一大堆没有过去、没有未来的偶然意见提供了空间。

第二，群体的力量与日俱增，几乎没有任何其他力量能与之抗衡。前面所讨论的群体观念的善变性，便可以不受阻碍地表现出来了。

第三，近来报业蓬勃发展，它们不断地将最对立的观念带到群众面前。每个单独观念可能产生的暗示作用，总是会被对立观点的暗示作用所破坏。结果就是，没有一种观点能成功普及，它们都如过眼云烟一样，转瞬即逝。如今一种意见还没有等到它被足够多的人接受从而变成普遍信念，就消失了。

这三种原因，造成了世界历史中一种全新的现象，也是当今时代最显著的特点，即政府无力引导舆论。在不太遥远的过去，政府的行动、少数作家的文字和几家报纸上的报道就能很好地反映民众的舆论。而今天，作家已经没有任何影响力了，而报纸也只沦为民众意见的传声筒。至于政治家，他们所做的唯一努力，不是引导舆论，而是追随舆论。他们害怕有时候会显得相当可怕的舆论，为此采取相当不稳定的行动路线。

于是，群体的意见越来越倾向于变成国家政治的最高指导原则。时至今日，它甚至可以强制各个国家结盟。法俄同盟的成立，就完全是一场大众运动的结果。目前出现了一种奇怪的现象，那就是教皇、国王和皇帝们同意接受记者的采访，以此将自己关于特定问题的看法提交给群众来评判。过去常说，政治上的事不能情感用事。这也许曾经是正确的，但在今天，当政治越来越被善变的群体冲动所左右，而这些人不受理性的影响，只受情绪的支配，我们还能这么说吗?

至于以前引导舆论的报刊，它们也像政府一样，屈就于群体的强大力量。毫无疑问，它们依然有极大的影响力，但那仅仅是因为它们反映了群体不断变化的意见。它们已经沦为了一个专门提供信息的机构，完全放弃了推广某种观念或学说的努力。它们为了留住读者，出于竞争的需要，不得不始终跟踪千变万化的大众舆论。

以前那些中正而有影响力的报纸，如《宪法报》《论坛报》和《世纪报》，曾被上一代人称为“智慧的传播者”，如今要么已经消失，要么变成了典型的现代报纸，充斥着各种八卦轶闻、小道消息和金融谎言，而最有价值的新闻反而沦落边缘。

毫无疑问，即便一家资金充足的报纸也不会允许它的撰稿人传播自己的个人意见，这种意见对读者影响甚微，因为他们只想获得信息，或者被娱乐，他们怀疑任何经过深思熟虑做出的断言。就连评论家也不敢断定哪一本书或一台戏一定会成功，他们能恶语中伤，却无法起帮助作用。报社十分清楚，评论和个人意见的价值微乎其微，因此，它们限制文学批评，最多只提一下书名，再添上三两句“捧场的话”。未来20年，戏剧评论或许也将遭遇同样的厄运。

如今，政府和报社将密切关注群体意见作为自己的第一要务。它们的任务就是跳过任何中间环节了解一个事件、一项法案或一次演说的效果。这项任务并不简单，因为没有什么比群众的想法更善变，他们经常昨天还在颂扬某事，今天就迎头痛斥。完全缺乏对舆论的引导，同时也不存在某种普遍信念，这最终导致每个群体所拥有的信念极度分裂，以及群体对于与自己直接利益不相干的事情漠不关心。

在过去的25年中，这种变化的趋势尤为明显。不久之前，民众的意见在总体上还是趋于一致的，因为他们拥有某种相同的基本观念。单凭某人是君主主义者，我们就能断定他必然拥有某些明确的历史观和科学观；只凭某人是共和主义者，我们就可以断定他拥有截然相反的观点。君主主义者非常肯定地说，人的祖先不是猿；而共和主义者同样肯定地说，人类的祖先是猿。提及大革命，君主主义者必然怀着恐惧之情，而共和主义者必须怀着崇拜之情。有些名字，比如罗伯斯庇尔、马拉等，必须用宗教式的虔诚语气谈起；而另一些名字，比如恺撒、奥古斯都和拿破仑，则必须伴随着势不两立的严厉抨击。即便在法国索邦大学，这种幼稚的看待历史的方式也普遍存在。①

如今，由于讨论和分析的冲击，所有意见都失去了它们原有的威望。它们独有的特征很快消失不见，很少能唤起我们的热情。现代人变得越来越冷漠。

对于舆论的衰败，我们无须过于悲伤。这是一个种族衰败的征兆，这一点无可争辩。可以肯定的是，伟人、有远见卓识的人、虔诚的信徒和民众领袖，总之，有着真诚且强烈信念的人会比否定者、批判者、麻木不仁者有更大的影响力。但是，不要忘记，由于目前群体具有的强大力量，一旦某种意见赢得了足够威望，迫使人们广泛接受它，那么它很快会拥有让所有事物都屈服的强大权力，自由讨论也将在很

① 从这个角度来看，法国官方历史教授的一些看法是颇让人费解的。这也证明了在法国盛行的大学教育体系中，批判精神是多么缺乏。引用一下索邦大学历史学教授兰波关于法国大革命的观点："攻占巴士底狱不仅是法国历史上的高峰，也是整个欧洲历史上的高峰，它开创了世界历史的新纪元！"关于罗伯斯庇尔，我们诧异地得知"他的独裁统治主要建立在意见、说服力和道德权威的基础上，类似于一个德高望重之人手中的教皇敕令"。

长一段时间被禁止。

群体有时候是悠闲的主人，像极了赫利奥巴勒和提比略，但他们也非常反复无常。当一个文明落入群体的高度控制中，它就只能听天由命了。唯一能延缓它的毁灭的，也就是群体意见的极端多变，以及他们对所有普遍信念的漠不关心。

第三卷

不同群体的分类和描述

第一章

群体的分类

群体的一般划分/他们的分类。（1）异质性群体。他们的不同种类/种族的影响/种族精神越强，群体精神越弱/种族精神代表文明国家，群体精神代表野蛮国家。（2）同质性群体。他们的不同种类/派别、身份团体和阶级。

我已经概述了心理群体的一般特征。接下来需要讨论的是，不同类别的集体在适当刺激因素的作用下转化为群体后所具有的独特特征。首先，我简单地对群体进行分类。

先从简单的人群说起。当许多不同种族的个体聚集在一起成为人群，便形成了人群的最初级形态。这种情况下，能让它联合起来的唯一纽带，就是对酋长或多或少的尊重。在数百年时间里不断入侵古罗马帝国的各种来源的野蛮人，就是一个例子。

比初级形态高一层级的，是在某些因素影响下，获得了一些共同特征，最终形成单一种族的人群。它们有时会表现出群体所独有的特征，但这些特征或多或少都比不过种族因素。

在本书阐述的某些因素的影响下，这两种人群可以转变为组织化群体或心理学群体。我们可以将组织化群体划分为两类：

一类是异质性群体，包括：无名称群体（如街头群体）和有名称群体（如陪审团、议会等）。

另一类则为同质性群体，包括：派别（政治派别、宗教派别等），身份团体（军人、僧侣、劳动者），阶级（资产阶级、农民阶级）。

我们将简要地指出这些不同类型群体的不同特征。

（1）异质性群体

本卷研究的正是这类群体的特点。异质性群体是由各种身份、职业、智力水平不同的人构成的群体。

我们现在意识到，只要人们成为采取行动的群体的一员，单单这一事实，他们的集体心理就和单独个体的心理有本质差别，他们的智力也受到这种差异的影响。我们已经知道，理智对群体不起作用，真正起作用的唯有无意识的情感。

一个基本因素，即种族，将各种异质性群体截然区分开来。

我多次提及种族的作用，它是决定人类行动最强大的因素。它也会对异质性群体的性格产生一定的影响。一个由中国人或英国人偶尔聚集在一起形成的群体，和一个其他方面一致，但全部由另一种族如俄国人、法国人、西班牙人等构成的群体，有极大的区别。

尽管很少见，但当环境使得一个由几个比例相当的种族构成的群体形成，他们继承的心理结构给人的情感和思维方式所造成的截然不同的影响，就会立即凸显出来，不论在表面上促成他们聚集在一起的利益关系多么一致。社会主义者试图把不同国家的工人阶级聚集在大型会议上，但总是以公开的分歧而告终。拉丁民族群体，不管是革命派还是保守派，总是呼吁国家干预，来实现己方诉求。他们都有着明显的中央集权倾向，或多或少赞成专制统治。与之相反，日耳曼民族，如美国人和英国人所构成的群体却不把国家当回事，诉诸个人的主观能动性。法国群体最为看重平等，而英国群体最看重自由。这些种族差异解释了为何世界上有如此多样的社会主义和民主形式，就像国家的不同形式一样。

可见，种族的气质对群体的性格有举足轻重的作用。这种强大的潜在力量限制了群体性格的变化。可以将这作为一条基本定律：种族精神越强大，群体的其他性格特征越不显著。群体状态和群体统治等同于野蛮状态，或者说是野蛮状态的回归。正是通过获得一种结构稳定的集体精神，种族才能越来越摆脱群体那种缺乏思考的力量影响，走出野蛮状态。

除种族因素之外，对异质性群体唯一重要的分类，是将他们分成无名称群体和有名称群体。前者如街头群体，后者如议会和陪审团。无名称群体缺乏责任感，而有名称群体具有高度责任感，这使得两类群体在各自的行动中体现出截然不同的倾向。

（2）同质性群体

同质性群体包括：派别、身份团体、阶级。

派别是同质性群体组织化过程的第一阶段。一个派别包括很多在教育、职业、社会阶层方面有很大差别的个人，他们的共同信仰构成了他们联系的纽带。宗教派别和政治派别就属于这类。

身份团体代表了易受影响的群体组织化的最高程度。派别中的人来自不同的职业、教育程度和社会环境，仅仅通过共同信仰连接在一起。而身份团体则是由同样职业，因而教育程度以及很大程度上社会地位相似的个体构成的。军队和僧侣团体就是这类。

阶级是由不同背景的个人所组成的。不像派别通过共同信仰连接在一起，身份团体通过共同的职业连接在一起，他们是通过几乎相同的利益、生活习惯和教育水平联系在一起。资产阶级和农民阶级就属于这类。

由于本书只关注异质性群体，而将对同质性群体（派别、身份团体和阶级）的研究留到另一本书，我在这里不打算探讨后一种群体的特点。在研究完异质性群体之后，我会考察几种典型的特殊群体。

第二章

所谓的犯罪群体

所谓的犯罪群体/一个群体可能在法律上犯罪，但心理上没有犯罪/群体行为的绝对无意识/各种实例/“九月惨案”参与者的心理/他们的理性、情感、残暴与道德。

群体在经过一段时间的兴奋后，会进入一种纯粹自动的、无意识的状态，受到暗示的引导。基于这一事实，我们很难将其称为犯罪群体。我之所以保留这一错误说法，仅仅是因为近来相关的心理学研究让这个观点广为人知。群体的某些行为如果仅仅从其本身而言，当然是犯罪的，但这就类似于一头老虎让幼崽撕咬一个印度人取乐，之后再吃掉他一样。

一般来说，群体犯罪的动机是某个强烈的暗示。参与这种犯罪的人事后会认为自己是在履行应尽的义务。这与普通的犯罪行为相去甚远。

历史上的群体犯罪说明了前者的情况。巴士底狱监狱长德洛奈先生的被杀就是一个典型的例证。当民众攻破监狱要塞之后，监狱长被兴奋的人群所包围，遭到来自四面八方的殴打。有人提议将他吊死，有人提议要砍下他的头，还有人提议将他绑在马尾巴上。在挣扎的过程中，监狱长无意中踢到其中一个人。于是有人提出让这个被踢到的人割断监狱长的脖子。这一建议立即得到群众的欢呼。

> 这个被踢到的人是个失业的厨师，来到巴士底狱完全是出于无聊的好奇心，想看看这里究竟发生了什么事。但由于大家的共同意见，他也以为这是一种爱国行为，甚至相信消灭这个魔鬼值得一枚勋章。他用别人借给他的一把刀砍向监狱长裸露的脖子，可是刀太钝了，砍不动，于是他从口袋里掏出了一把黑柄小刀（作为厨子，他对切肉之类的事非常在行），成功地完成了任务。

这个例子清晰地展示了前文所描述的犯罪的实施过程。他们服从别人的暗示，这种暗示由于来自集体而极为强大。行凶者坚信，自己是在替天行道，考虑到同伙的一致称赞，产生这种信念也在情理之中。这类行为，在法律上可能是犯罪，但心理上并非如此。

犯罪群体的特征和我们在所有群体中看到的特征完全相

同：易受暗示，轻信，善变，夸大不管是好是坏的情感，表现出某种道德感等。

我们发现，在参与“九月惨案”、创下法国历史上最残暴记录的群体身上，就存在着所有这些特征。事实上，这些群体和制造“圣巴托洛缪惨案”的群体有很多相似之处。下面我引用泰纳参考当时文献资料所做的有关“九月惨案”的详细记录：

目前仍不清楚，是谁下令或建议清洗监狱所有囚徒。也许是丹东，也许是其他人，但那都不重要。对我们来说，一个有趣的事实是，犯下屠杀罪行的群体受到了强烈的暗示。

这个犯罪群体大约有300人，是一个典型的异质性群体，除了少数流氓无产者外，其他的成员主要是小店主和各行各业的手艺人，如鞋匠、锁匠、理发师、泥工、瓦匠、店员、邮差等。在暗示的影响下，他们就像前面提到的厨子一样，自以为是在履行爱国职责。他们冲进办公室，既当法官，又当刽子手，宣判并处死了在场的官员与贵族，但他们没有一刻认为自己是在犯罪。

他们深深意识到自己责任的重要性，并首先成立了一个法庭，此举直接显示出群体的天真和他们的朴素正义观。考虑到受指控的人过多，他们决定：首先，贵族、僧侣、官员、王室成员，一句话，只要在爱国者看来凭职业就能判定有罪的人，一律处死，没有必要一一甄别。而剩下的人，则根据他的个人表现和名声来评判。就这样，群体幼稚的良知得到了满足。现在可以合法地屠杀了，残忍的本能也能尽情地释放出来了。前面我已经谈过这种本能的起源，群体总将这种本能发挥得淋漓尽致。

不过，正如群体平常所做的那样，这种本能并不妨碍他们表现出其他截然相反的情感，比如与其残暴程度不相上下的强烈善意。

> 他们具有巴黎工人那种广泛的同情心和极度感性。在阿巴耶，当人群中的一个人得知囚犯已经26小时没能喝水，恨不得把狱警打死，要不是囚犯也为狱警求情，他一定会这么做的。当临时法庭宣告一名囚犯无罪释放时，在场的所有人，包括卫兵和屠杀者在内，无不兴高采烈地与之拥抱，疯狂地鼓掌。

之后，大规模的屠杀开始了。在整个过程中，无时无刻不充斥着欢快的情绪。人们围着尸体跳起了舞，唱起了歌。同时，他们还不忘为女士们安排长凳，以便她们愉快地观看处死贵族的情景。自始至终，这种表演充满了特殊的正义感。

阿巴耶的一名屠杀者曾抱怨说，为了让女士们更好地观看，把她们安排在离屠杀现场很近的地方，结果只有少数人能享受到痛打贵族的乐趣。人们承认了观看需要公平，于是决定，让受害者在两排屠杀者中慢慢走过，屠杀者们只能用刀背来击打他们，尽量延长其痛苦的时间。在福尔斯监狱，受害者被剥得一丝不挂，在半小时里被折磨，直到所有人看得心满意足，再被开膛剖腹。

屠杀者也有自己的顾忌，表现出我们前面所提的群体中的道德感。他们没有侵占受害者的钱财和首饰，原封不动地放在会议桌上。

在他们的全部行为中，我们能清楚地看到群体头脑所独有的那种幼稚的推理方式。因此，当他们肆无忌惮地屠杀了1200~1500个贵族之后，有人提出，监狱里关着的其他囚犯，包括老人、乞丐和流浪汉，都是些没用的人，不如全都杀掉。而且，这里面一定存在着人民的敌人，比如，一位叫德拉卢的妇女，她因投毒杀害自己的丈夫而入狱。“她一定对坐牢很愤怒，如果有机会，她绝对会放火把整个巴黎都烧了。她应该说过这样的话，她确实说过这样的话。直接杀死她算了。”这种分析看起来令人信服，众人赞同了他的提议。监狱里所有囚犯，包括大约50名12~17岁的儿童（他们自己可能成为国家的敌人，不如杀掉），无一例外全被处死了。

一周后，所有残忍的杀戮都结束了，屠杀者们可以回想一下他们的行为了。他们深信自己的行为是在报效祖国，于是前往政府请求奖励，最狂热者甚至要求授予自己勋章。

1871年巴黎公社的历史，也提供了与此类似的事例。鉴于群体的影响力越来越大，当权者在他们面前节节败退，将来我们肯定还会看到许多类似的事情。

第三章

刑事法庭的陪审团

刑事法庭陪审团/陪审团的一般特征/统计数据显示，陪审团的决定与其构成无关/给陪审团留下深刻印象的方式/辩论的方式和影响/说服关键人物的技巧/陪审团会严惩或网开一面的罪行性质/陪审团作为一个机构的效用，以及如果它被法官代替会带来的危险。

由于无法研究每一类陪审团，我在这里只考察最重要的一种，即刑事法庭的陪审团。这类陪审团为有名称的异质性群体提供了一个很好的例证。他们易受暗示，缺乏推理能力，容易受群体领袖的影响，主要受无意识情绪的引导。在调查过程中，我们常可以看到一些有趣的事例，说明了不懂群体心理可能犯下的错误。

首先，陪审团证明了在群体做决定时，构成群体的成员的心理水平无关紧要。我们已经看到，当一个高端集会被要求就一个非完全技术性问题发表意见时，智力所起的作用可以忽略不计。例如，一个由科学家或艺术家组成的群体，仅仅由于他们形成了一个群体这一事实，就不会对一般性问题做出与泥瓦匠或杂货商组成的群体相差甚远的判断。在不同时期，特别是在1848年之前，法国政府会从被召集的人员中精心挑选陪审员，一般是从有教养的人当中挑选，往往是教授、学者、官员等。而如今，绝大多数陪审员都是小商人、小资本家或雇员出身。但令专家困惑不已的是，不论陪审团由什么样的人组成，他们的判决都是一样的。即使是反对陪审制度的法官，也不得不承认这一决断的正确性。刑事法庭前庭长贝拉·德·格拉热先生曾在自己的回忆录中对该问题做了如下表述：

> 今天，真正决定陪审员人选的是市议员。他们根据自己的政治状况和选举需求，将候选人的名字列入或移出名单……绝大多数被选中的陪审员是生意人（不过没有以往时代重要），以及政府部门的雇员。……但一旦正式入选，他们的观点和职业就不再重要。不管是有着新手的热情，还是有着最善意的意图，当他们恭顺地处在法庭中，陪审团的精神就不会改变：判决依然如故。

对于上述引文，我们该铭记的是它公正的结论，而不是虚弱无力的解释。对这种虚弱我们无须过于惊讶，因为和律师一样，法官通常也对群体心理一无所知，因此也不了解陪审团心理。

德·格拉热先生提供了另一个佐证。他声称，刑事法庭一个非常有名的出庭律师拉肖，曾系统地使用他的权利，来反对任何聪明人出现在陪审团名单上。但是，经验，仅仅经验就会告诉我们：这种反对没有任何用处。一个事实充分地证明这一点：现如今，不论是公诉人还是出庭律师，至少是巴黎律师，已经完全放弃了反对陪审员的权利。诚如德·格拉热先生所言，陪审团的判决不会有任何变化，它不会更好，也不会更坏。

和所有群体一样，陪审团深受情感因素的影响，而极少被论证所打动。一位出庭律师曾说："陪审员见不得母亲用乳房给孩子喂奶的情景或孤儿的场面。"德·格拉热也说："一个妇女只要在陪审员面前表现得楚楚可怜，就可以赢得陪审员的同情。"

陪审团对那些自己也可能成为受害者的罪行，毫不留情。当然，这类罪行对社会也是最危险的。与之相反，他们对激情犯罪行为往往很是宽容。对于未婚母亲杀害自己婴儿的案件，或是年轻女子用硫酸来报复引诱和抛弃自己的负心汉的案件，陪审团通常会高抬贵手，因为他们本能地觉得，这类案件的社会危害性不大，而且在一个法律不保护被遗弃女子的国家里，女孩为自己报仇的行为弊大于利，因为它能恐吓未来的情感骗子。[①]

陪审团和所有群体一样，深受威望的影响。德·格拉热非常正确地道出了，尽管陪审团从构成来看非常民主，但他们的好恶却非常贵族化："头衔、出身、巨额财富、著名律师的鼎力相助，一切非凡的或能给被告带来光环的因素，都有助于他在法庭上的处境。"

一名出色律师的首要任务就是在情感上打动陪审团，并且，就像对待群体一样，尽量少辩论，或者只用最基本的推

---

① 应当指出，陪审团本能而智慧地把犯罪分为对社会危险的和不危险的两类，这并非不公正。刑法的目的显然是保护社会免受危险罪犯的伤害，而不是进行报复。另一方面，在法国法典中，尤其是在法国法官的头脑中，仍然深深浸染着古代原始法律所特有的复仇精神，"复仇行为"一词（由拉丁语 vindicta 而来，意为复仇）仍在日常生活中广泛使用。

关于法官这种倾向的一个证据，是许多法官拒绝使用贝朗热法令，对初犯免予处罚，再犯才予以定罪。这绝非由于法官的无知，因为统计数据证明，对初犯进行惩罚几乎必然会导致他再次犯罪。法官在赦免一个被判刑的人时，总是觉得社会没有进行应有的报复。他们宁愿制造出一个危险的、确实有罪的罪犯，也不愿不替社会报复。

理方式。英国一位在刑事法庭上少有败绩的知名律师，精辟地总结了以下这些应当遵循的原则：

> 在辩护过程中，他会仔细观察陪审团。这是他最擅长的时刻。他凭借自己的洞察力和经验，从陪审员的面部表情掂量出自己每一句话的效果，从中得出自己的结论。第一步是确认哪些陪审员已经倾向于自己给出的理由。这些人的支持将很容易获得。之后，他把注意力转向那些还拿不定主意的陪审员身上，努力搞清楚他们对被告怀有敌意的原因。这是他的工作中非常微妙的一部分，因为除了正义感之外，可能还有很多原因让一个人谴责另一个人。

这几句话道出了辩护艺术的全部机制，让我们得以理解，为什么事先准备好的演说效果甚微，以及演说需要随时根据听众反应来改变措辞。

辩护人无须说服陪审团里的每一个人接受自己的观点，他只需争取到那些能决定陪审团普遍观点的灵魂人物的赞同。就像在所有群体中一样，在陪审团中也有一小撮人充当其他人的指引者。诚如前面所提到的那位律师所言，“据我的经验，陪审团中一两个活跃的人物就足以主导整个陪审团的意志”。因此，需要娴熟地运用暗示来说服的也就这两三个人。首先，也是最重要的，要取悦他们。当群体中的一员被你成功地取悦，他也就接近于被你说服，很容易全盘接受你提出的任何证据。

下面是关于拉肖先生的一则有趣轶事：

> 诚如大家所了解的，在任何庭审中进行演说时，拉肖从来不会把视线从他知道或感到很有影响力却又顽固的两三个陪审员身上移开。一般情况下，拉肖能成功地争取这些顽固的陪审员。但有一次在外省，他遇上了一位极其难以对付的陪审员。他用了大半个小时，竭尽全部辩论技巧，却依然徒劳无功。这个人是第七名陪审员，坐在第二排第一个椅子上。局面让人沮丧。突然，在激情演讲中间，拉肖停顿了片刻，对法官说：“能否请您让人把前面的窗帘拉下来？第七陪审员那里太阳太耀眼了。”那个陪审员的脸红了，微笑着对他表示谢意。他站到了拉肖一方。

最近，许多作家，包括某些最出众的作家，开始了一场轰轰烈烈的反对陪审团制度的运动，却不知它是我们在面对一个毫无控制又经常犯错的群体时能够得到的唯一保护。[1] 一部分作家主张，只从有教养阶层招募陪审员。但我们已经证明了，即使如此，他们做出的判决并不会和现行制度下的有什么区别。还有一些作家以陪审团做出的错误判决为理由，要求废除陪审制度，代之以法官制度。这真让人匪夷所思，这些倾向于改革的人竟然忘了，陪审团之所以会犯下他们所指责的那种错误，首先是因为法官的判断出了错。当被告被带到陪审团面前时，他早已被预审法官、公诉人和初审法庭判定有罪。因此很清楚，如果被告最终由法官而不是由陪审团判决，他将失去找回清白的唯一机会。陪审团的错误首先是法官的错误。因此，若是出现了极为严重的司法错误，应当受到指责的只有法官。

---

① 事实上，法官是唯一一类行为不受控制的行政机构工作人员。尽管经历了多次革命，民主的法国却不享有英国引以为傲的人身保护令。我们已经驱逐了所有暴君，却在每个城市设立了一个可以随意支配公民荣誉和自由的法官。一个不起眼的预审法官（在英国没有确切对应的职位），刚从大学毕业，就拥有惊人的权力，可以随意把地位最高的人送进监狱，只要他认为他们犯了罪，而无须为此做任何证明。他可以用调查的名义，把这些人关在监狱里六个月，甚至一年，最后再释放他们，而无须任何赔偿或道歉。在法国，预审关押证完全等同于秘密逮捕令，区别只在于，后者虽然在君主制时代理所应当地备受谴责，但它实际上仅能被身居高位者签署；而前者则掌握在一大群公民手中，他们既不非常开明，也不非常独立。

比如对L医生的判决。他被一个半痴半傻的女孩指控，说他为了30法郎违法给她做手术。愚昧无知的预审法官相信了，对医生提起了诉讼，结果引起舆论哗然，最高法院不得不立即释放医生。同胞的声援，让这一桩错案的野蛮性暴露无遗。法官也承认这一点，但是出于对自己身份地位的考虑，他们竭尽全力阻挠释放医生。

在所有类似案件上，一旦陪审团遇到了自己无法理解的技术细节，他们会自然而然地听取公诉人的意见，并声称，案件毕竟已由训练有素、善于处理错综复杂案件的法官调查过。那么，究竟谁才是真正制造错误的人？是陪审团，还是法官？

我们应当坚定地支持陪审团，它也许是唯一一个不能被任何个人取代的群体。它本身能够缓和法律的严酷性。法律因为要对所有人一视同仁，需要在原则上无情，不考虑任何特殊情况。法官缺乏怜悯，唯法律之命是从，出于职业的严肃性，对那些因为贫困、被引诱和抛弃而杀婴的可怜姑娘不是网开一面，而是像对待杀人抢劫的强盗一样重重惩处。而陪审团会本能地感觉到，被引诱者比引诱者的过错要小得多，但后者却不受法律惩处，所以对前者应当从宽处理。

了解了身份团体以及其他类型群体的心理之后，我不会认为，如果碰到一个错判的案件，我宁愿去跟法官打交道，而不是跟陪审团打交道。从后者那里，我可能还有洗清冤屈的机会，而让前者认错的概率却几乎为零。群体的力量令人生畏，但有些身份团体的力量更甚。群体乐于被说服，而身份团体绝不。

第四章

选民群体

选民群体的一般特征/说服他们的方式/候选人应拥有的品质/威望的必要性/为什么工人和农民很少选出自己的同行/词语和套话对选民的影响/选举演讲的一般方面/选民的意见如何形成/政治委员会的力量/它们代表最可怕的暴政形式/革命委员会/普选尽管心理价值甚微，但不能被取代/为什么即使将选民限制在一个有限阶层，选举结果仍一样/普选在所有国家的意义。

选民群体是指有权投票选举某人担任某种职务的集体，它属于异质性群体。但是，由于他们的行为仅限于单一明确的事情，即在不同候选人中做出选择，他们只具有前面所描述的特征中的少数：缺乏推理能力、缺乏批判精神、轻信、易怒、简单化。此外，从他们的决定中，我们还能找到群体领袖的影响，以及前面列举的断言、重复和传染等因素所起的作用。

我们来探讨一下说服选民群体的方法。从最成功的方法中，可以很轻松地推断出他们的心理。

候选人首先应当拥有的品质是威望。个人威望只能被财富带来的威望所取代。天赋甚至天才都不是成功的重要因素。非常重要的一点是，候选人必须拥有足够的威望，能够让选民不经讨论就接受自己。为什么主要成员为工人或农民的选民群体，却极少从本阶层中选出一个人来代表他们？就是因为这个人在他们中没有威望。即使他们偶然会选出一个与自己平等的人，那一般也是出于一些次要因素。例如，借此来发泄他们对一个有头有脸的大人物，或者有权有势的雇主（通常选民要依靠他）的极度不满，享受这一刻他们成为自己主人的快感。

然而，拥有威望并不足以确保候选人的成功。选民特别看重候选人的抱负和信心。候选人必须用最离谱的骗术哄骗群体，毫不犹豫地做出最异想天开的承诺。如果选民是工人，那就最大限度地侮辱和中伤雇主。而对待自己的竞选对手，则必须努力利用断言、重复和传染等方法，让人们相信他是一个十足的恶棍，他多次犯罪是众所周知的事实，借此来减少对方的获胜机会。而且，当然没必要费心去找任何证据。如果对手不懂群体心理，他会试图用辩论来证实自己，而非果断地用另一套断言来反击攻击者的断言。如此，他将没有丝毫获胜的可能。

候选人的书面纲领不可过于明确，否则日后对手可能用它来对付自己。但是，口头再夸夸其谈都没问题。可以毫不心虚地承诺最重要的改革。这些夸张的许诺在说出的时刻能产生巨大效果，对未来也没有约束力。我们经常观察到，选民从来不耐烦去追踪他所支持的候选人在多大程度上实现了他所称道的承诺，而原本正是因为这一假定，选举制度才得以推行。

从上面的事例中，我们可以看到讨论过的所有说服因素。接下来，我们将在讨论词语和套话（前面已经强调了其神奇效果）的作用时，再次体会这一点。一个知道如何有效利用这些说服手段的演说家，可以对群体为所欲为。那些陈词滥调，如不义之财、卑鄙的剥削者、可敬的劳动者、财富的社会化等，总能产生巨大的威力，虽然已经有些衰减。如果一个候选人能够找到一个含义极其不精确并因此能迎合选民各种需求的新词，那么他必然会大获成功。

1873年西班牙的血腥革命就是由这样一个含义复杂、每个人都能有各自解读的神奇词语引发的。下面引用一位当代作家对这个词语起源的描述：

激进派发现，中央集权制的共和国不过是乔装打扮的君主制国家。为了迎合激进派，议会全体通过了建立“联邦共和国”的提议，尽管每一个投票者都不清楚自己赞成的究竟是什么，但是“联邦共和国”着实是皆大欢喜的说法，人们激动不已，仿佛一个充满美德与幸福的王国即将降临。

一个共和党人因为对手拒绝授予其“联邦主义者”的称号，自认为遭受了莫大的侮辱。人们在大街上问候时说的是“联邦共和国万岁!”之后，人们将军队的纪律涣散誉为一种美德，对士兵自治也大唱赞歌。

到底怎样理解这个“联邦共和国”？有人认为，它意味着各省独立，类似于美国的联邦制和中央分权。有人认为，它意味着废除一切权威，迅速开始大规模社会清算。巴塞罗那和安达路西亚的社会主义者主张公社权力至上，他们提议在西班牙设立一万个独立的自治市，可以根据自己需要立法，并且不容许警察和军队的存在。

在南方各省，叛乱很快扩散开来，从一个城市到另一个城市，从一个村庄到另一个村庄。一旦一个村庄公布了自己的宣言，它立即破坏所有的电报线和铁路，以切断与周边地区和马德里的所有联系。在这样的情况下，处境最恶劣的村庄沦落到最底层。联邦制让位于各自为政，到处杀人放火，无恶不作，整个土地弥漫着浓郁的血腥味。

如果有人对于理性是否会影响选民群体怀有丁点疑虑，那是因为他从未读过关于竞选活动的报道。在这些集会中，可以看到断言、谩骂，有时还有互相殴打，但从来没有辩论。即便有片刻的安静，也不过是因为某个有“硬汉”名声的人宣称自己将用一些刁难的问题难倒候选人，而选民总是对此喜闻乐见。纵然如此，反对者的满足只是一时的，因为质疑的声音很快就淹没在对手的喧嚣中。以下从日报的数百则相似消息中挑出来的关于公共集会的报道，就是一个很好的例证：

> 会议组织者之一要求大会选出一名主席。话音刚落，会场立即陷入一片骚乱。无政府主义者跳上讲台，粗暴地将会议桌占为己有；社会主义者火力十足地发动反击；人们扭打成一团，各派都指责其他派是被政府收买的奸细……一个公民被打得鼻青脸肿地离开了会场。
>
> 会议被迫在一片激烈的争吵声中推迟了，说话的权利交给了“X同志”。这个人一张口就对社会主义者加以猛烈抨击。而台底下的人则大喊着“白痴、无赖、流氓”等打断他。对于这些脏话，“X同志”提出一种理论，认为社会主义者是“可笑之徒”。

昨晚，为了准备五一节的工人庆祝会议，阿勒曼派在庙侧街的商业大厅里组织了一次大集会，口令是“沉着冷静”！

G同志暗指对立派别是“白痴”和“骗子”。

这些话语都会带来激烈的谩骂，演讲者和听众相互攻击，大打出手。椅子、桌子、板凳等，全都变成攻击对方的武器。

千万不要以为，以上情形只会发生在固执的选民群体身上，取决于群体的社会地位。在任何匿名集会中，即便选民都是受过高等教育的人，争论也总是会导致同样的局面。我已经说过，当人们聚集在一起形成群体时，他们的智力水平就会趋于低下。这方面的证据比比皆是。比如1895年2月13日《财报》关于一个学生会议的报道：

那个晚上，随着时间的流逝，喧嚣声越来越大。我不相信有哪个演讲者能连续说两句话而不被打断。每时每刻都有人在这里那里大喊，或者好些人在各个角度一起喊叫。掌声与嘘声混杂在一起，听众之间爆发激烈的争论，有些人举起棍棒威胁，有些人使劲敲打着地板，而打断演说的人，招来的是“把他轰下去”或“让他说”的叫嚷。

C先生对他宣称要摧毁的协会，张口闭口都是可恶、懦夫、恶棍、卑鄙、报复等字眼。

人们可能会问，在这样的条件下，一个选民如何才能形成意见？会提出这样问题的人，显然对群体所享有的自由程度抱有一种奇怪的幻觉。群体持有被强加于他们身上的意见，但从来不曾拥有理智的意见。在选举中，选民的意见和选票通常受到选举委员会的摆布，而委员会的灵魂人物通常是酒馆老板，他们对工人影响很大，因为他们允许赊欠。现代民主最勇敢的斗士之一舍勒写道："你知道什么是选举委员会吗？它是我们所有制度的基石，是政治机器的杰作。今天的法国就是由选举委员会统治的。"①

① 委员会，无论它的名称是什么——俱乐部、辛迪加，等等——构成了群体力量可能造成的最可怕的危险。在现实中，它代表了最为非人格的因此也是最具压迫性的暴政形式。委员会的领导人被认为是以集体的名义发言和行动，却无须承担所有责任，并有权按自己的意愿行事。最残暴的暴君都不敢想象革命委员会所颁布的那些决定。巴拉斯宣称他们要摧毁国民公会，随心所欲屠杀其成员。罗伯斯庇尔在能够以其名义行事的期间，拥有绝对的权力。而当这个可怕的独裁者出于个人自尊心的原因离开群体，他就性命不保。群体的统治就是委员会的统治，也就是群体领袖的统治。难以想象还有比它更严厉的专制主义。

影响选民群体并不难，只要候选人本人是可以接受的，且拥有足够的财政资源。捐助者坦承，300万法郎就足够布朗热将军多次当选。

这就是选民群体的心理。它和其他群体一样，既不更好，也不更差。

因此，根据前面所述，我没法得出反对普选制度的结论。如果要我来决定其命运，我会出于一些现实的原因而保留它，这些现实原因可以从我们对群体心理的调查中推断出来，我将进一步加以阐述。

毋庸置疑，普选制度有明显的弱点。但不容否认的是，文明是由一小群处于金字塔顶端、智力非凡的人创造出来的，而从金字塔顶端往下走，人数越多，智力也相应下降，最底端为一个国家的大众人群。一个文明的伟大，显然不能依赖于只有数量优势的大众人群的选票。而且无疑，有记载的群体投票通常也是非常危险的。它们已经导致我们多次被入侵，而且大众主权的变幻无常可能会让我们付出更惨重的代价。

然而，不管从理论上看这些反对理由多么完美，从实践上看它们却毫无价值。这一点，只要我们了解观念变成教条后的巨大威力，就不得不承认。大众主权的教条就像中世纪的宗教教条一样，在哲学上根本站不住脚，却享有后者以前享有的绝对权力。它就像过去的宗教观念一样，坚不可摧。试想，如果一位现代的自由思想家奇迹般地穿越到中世纪，他在确定了当时盛行的宗教观念的至高权力之后，还会想要攻击它们吗？当他被指控与魔鬼做交易或参加了女巫的宴会，落入法官之手，要被送上火刑柱时，他会质疑魔鬼或安息日的存在吗？

用讨论来反对群体的信念，就好比用同样的方式对待飓风一样，是如此无力。在今天，普选制度拥有过去基督教所拥有的力量。演说家和作家在提到它时表现出的尊敬和赞美，毫不逊色于前辈们提及路易十四时。因此，对它必须采取过去对待所有宗教教条的立场。只有时间能动摇它。

试图破坏这样的制度也是徒劳的，因为它看着就很有道理，能吸引人们的支持。托克维尔公正地说：“在一个平等的年代，人们不崇拜彼此，因为大家都是一样的。但也是这种相似性，让他们对公众的判断几乎有着无限的信心，因为人人都一样聪明。然而真理往往掌握在少数人手中。”群众的统治就是委员会的统治，即群体领袖的统治。但这会导致严重的专制主义。难道我们必须相信，实行有限制的选举制，将选举权限制在达到某个智力标准的人群中，群体投票的结果就会得到改善？但这是绝不可能的，理由就是前面说过的所有群体的心理自卑，不管他们是何种人组成的。

在群体中，人们总是倾向于同一水平，而且一般来说，由40名院士投票的结果并不会比40名运水工投票的结果高明。我一点不认为，就算所有选民都是有教养的、受过教育的人，他们的投票结果会和普选制下那些被谴责的投票结果——比如法兰西第三帝国的建立——有多大的区别。不能因为一个人懂得希腊语或数学，或者是个建筑师、兽医、医生或大律师，就认为他具有解决社会问题的特殊智能。我们所有的政治经济学家都受过高等教育，大部分是教授或学者，但他们何曾就某个普遍性问题，如贸易保护、双本位制问题等达成过一致？原因就在于，他们所拥有的学问，不过是我们的普遍无知的一种弱化形式。社会问题中潜藏着太多的未知因素，所有人在其面前基本上都是同等的无知。

因此，即便选民仅由那些掌握了各种科学知识的人组成，其投票结果也不会比现在的好多少。他们将主要受自己的情绪和群体精神的支配。我们如今必须应付的困难一个都不会少，而且我们必然还要受到身份团体带来的问题的困扰。

不论群体的选举权是受限制的还是普遍的，不论它是在共和制还是在君主制下行使，也不论是在法国、德国，还是在葡萄牙、西班牙、比利时等，到处都是一样的，它是一个民族无意识的愿望与需要的表达。在每个国家，当选者的一般观点代表了整个民族的禀性，这种禀性代代相传，没有明显的改变。

由此，我们又一次碰到种族这个我们经常遇到的基本概念，它所衍生出的另外的概念，即制度和政府，在人民生活中所起作用则微不足道。支配人们的主要是他们所属的种族秉性，也就是那些世代遗传的品质的总和。种族因素和日常生活所需是统治我们命运的神秘主人。

第五章
议　会

议会群体呈现出异质性群体的大多数特征/他们意见的简单化/他们的暗示及其限制/无法改变的固定意见，以及多变的意见/他们多数时候优柔寡断的原因/领袖的作用/威望的由来/领袖是议会的真正主人，因此，议会的投票，仅仅是少数人的投票/领袖实施着绝对的权力/演讲艺术的要素/词语和意象/领袖通常需要具备固执的信念和狭隘的思想/没有威望的演讲者无法得到支持/议会中情感的夸张，无论是好是坏/在某些时刻议员成为自动的木偶/国民公会的召开/议会失去群体特征的情况/出现技术问题时专家的影响/在所有国家，议会制度的优势和危险/议会体制适应现代需求，但会造成财政浪费和对所有自由的逐步限制/结论。

议会是有名称的异质性群体的一个例证。议会成员的选举方式因时代变迁和各国状况而各不相同，但也呈现出极为相似的特征。种族的影响会削弱或加强群体的共同特征，但不会妨碍其显现。希腊、意大利、葡萄牙、西班牙、法国和美国这些大不相同的国家的议会，在辩论和投票时表现出了极大的相似性，让各自政府面临着相同的难题。

而且，议会体系代表了所有现代文明民族的梦想。这一体系是一种心理学上错误但被广泛认可的观念的反映，即，一大群人比一小群人更有能力就某一问题做出明确而独立的决定。

在议会集会中，我们可以看到群体的普遍特征：智力低下、易怒、易受暗示、容易夸大情感，以及受少数领袖的支配。不过，由于他们的特殊组成，议会群体也有自己独有的特征，下面简单分析一下。

把意见简单化是议会最重要的特征之一。所有党派，尤其是拉丁民族的党派，都倾向于用最简单的抽象原则或普遍规律来解决最复杂的社会问题。当然，原则因党派而异，但是，仅仅由于个体是群体一员这一事实，他们就总是倾向于放大自己原则的价值，并将其贯彻到极端程度。这样一来，议会更多地成为极端意见的代表。

法国大革命时期的雅各宾党人提供了一个完美的范例。这些人是教条主义的、重逻辑的，头脑中充斥着各种含混的普遍观念。他们不关注具体事件，一刀切地应用死板的原则。中肯地说，他们经历了法国大革命，却没有目睹它。他们将一些简单的教条奉为圭臬，想象自己可以从上到下重塑整个社会，结果却是让一个高度文明的社会倒退到了社会发展的初级阶段。他们为了实现自己的梦想所采用的手段，也带有同样的绝对简单化的风格。实际上，他们所做的事只有摧毁一切阻碍他们的事物。而且，不论是吉伦特派、山岳派，还是热月派，都受着同一种精神的激励。

议会群体易于受到暗示。而且，就像所有群体一样，暗示来自享有很高威望的领袖。但是，需要重点指出的是，议会群体受到的暗示有非常明确的限制。

面对一切和地方或区域利益有关的问题，议会中的每个成员都会有自己固定且无法改变的意见，任何争论都无法使之动摇。即使拥有狄摩西尼的口才，也无法改变议员在诸如酿酒业的保护主义、特许权等事关有权有势选民切身利益的问题上的投票。这些暗示源于这些选民，并且在投票之前就在发挥作用，它足以压倒任何其他来源的暗示，使它们自动取消，从而保持群体意见的绝对稳定。①

---

① 一位英国资深国会议员的感想，无疑适用于这些事先已定、因竞选需要而无法改变的意见：“在我坐在威斯敏斯特议会大厅的五十年里，我听过成千上万次演讲，但很少有人改变我的观点，没有人改变我的投票。”

当涉及一般性问题，如推翻内阁、开征新税等，这样稳定的意见就不再出现了。这时领袖的暗示就会发生作用，尽管与普通群体的方式有所不同。每个政党都有自己的领袖，有时他们具有不相上下的影响力。结果是，议员被夹在两个对立的暗示之间，迟疑不决。这解释了为何我们经常看到一个议员在短短15分钟之内做出完全相反的投票，或者为已经同意通过的法案增加一条使其无效的条款。比如，先是立法剥夺雇主选择和解雇工人的权利，之后又添上一条几乎让这条规定失效的修正案。

出于同样的原因，每届议会都有一些非常稳定的意见，也有一些十分易变的意见。总体来看，一般性问题更多，所以议会中常常出现议而不决的现象，就是因为议员担忧选民的一些总是含混不清的建议，它们往往倾向于抵消领袖的影响力。

但是，在任何辩论中，只要涉及议员们没有强烈的先入之见的议题，领袖们就是绝对的主宰。这些领袖的必要性是显而易见的，因为在任何一个国家的议会中，我们都能看到他们以群体首领的名义活动。他们是议会的真正统治者。组成群体的人不能没有领袖，但它导致了议会的投票通常仅能代表一小部分人的意见。

领袖影响力的大小很少取决于他们所提出的论据，而主要取决于他们的威望。最能证明这一点的是，一旦他们因为某种变故失去了威望，他们的影响力便荡然无存了。

这些政治领袖的威望是个人的，与他们的头衔或荣誉无关。西蒙先生对于1848年国民议会（他是成员之一）的评论，提供了一些有趣的佐证。

> 路易·拿破仑在两个月前还能呼风唤雨，但转眼间他便什么都不是了。
>
> 维克多·雨果登上讲台。但是他的演讲并不成功。人们倾听他，就像倾听皮阿一样，但他没有赢得同样的掌声。沃拉贝勒这样和我谈起皮阿："我不喜欢他的那些观点，但他是法国最了不起的作家和演说家之一。"
>
> 爱德华·基内很聪明，有着非凡的才智，但是没有人尊敬他。议会召开前，他还算有些名声，但是议会召开后，他便泯然众人了。
>
> 天才的光环在政治集会上远不如在其他场合好使。这种集会只关心能够契合时间、地点以及党派需要的辩才，至于能否有利于国家，它才不在乎。要想得到1848年拉马丁和1871年梯也尔得到的那种崇敬，需要一种急迫的、坚不可摧的利益刺激。一旦危机过去，议会就会立即将感激和害怕抛到九霄云外。

我引用上面这些话，是为了它所包含的事实，而非认可它所提供的解释，因为显然作者不懂心理学知识。

群体一旦称赞其领导人的贡献，不管是对政党的贡献，还是对国家的贡献，便失去了作为群体的特性。群体对领袖的服从，是受到其威望的影响，而非受到任何利益或感激情绪的引导。

所以，一个拥有足够威望的领袖，几乎掌握了绝对的权力。众所周知的一个例子，一个著名议员多年来由于其威望而拥有巨大影响力，直到上次竞选才因某些金融问题而落选。①当年，他一个手势就能推翻内阁。有位作家生动地阐述了他的辐射范围：

> 主要因为这位X先生，我们在河内多付出了三倍的代价，我们这么长时间仍未能在马达加斯加站稳脚跟，我们在南尼日尔被骗走一个帝国，我们失去了我们以前在埃及的优势地位。法国因X先生的理论而丢失的领土，比拿破仑一世时期还多。

对待这种领袖，我们不必太过苛责。不错，他让我们损

① 此处指的应该是法国政治家乔治·克劳孟梭。——编者注

失惨重，但他的影响力很大程度上是因为他顺应了民意。而在殖民地事务上，当时的民意和今天远远不同。领袖很少比民意更超前，他所做的一切，几乎都是在顺应民意，放大其所有错误。

领袖说服群体的方式，除了威望之外，还包括之前我们多次提到过的因素。为了熟练使用这些资源，领袖需要理解，至少需要无意识地理解群体心理，并且知道如何应对这种心理。他尤其应该意识到文字、短语和图像的神奇力量。他应该具备一种特殊的口才，能够信誓旦旦，不使用证据说话，充分运用生动鲜明的意象，并辅以十分笼统的论证。这样的辩才在所有议会中都可以看到，就连英国这样最严肃的议会也不例外。英国哲学家梅因曾说过：

> 经常阅读关于下议院辩论的报道，就会看到，他们的整个争论只不过是在用空泛的大话和相当激烈的个人意见交锋。这种泛泛的套话对纯粹民主的想象产生了深刻的影响。让群体接受某些夸大其词表达出来的笼统断言向来容易，即便它从未被证实过，而且大概也无法证实。

上面引文所提到的“夸大其词”，再怎么重视都不过分。我已在多个场合强调词语和套话的特殊力量。应当尽可能地选择那些能唤起生动意象的词语。下面一位议会领袖的演说词，是一个极好的范例：

> 这艘船将驶向那片热病肆虐的地方，那里坐落着我们的监狱，关押着声名狼藉的政客和无法无天的杀人犯。这对难兄难弟可以促膝长谈了，他们可以把对方当作一种社会状态中互补的两派。

这样唤起的意象是非常鲜明的，所有听到这话的人都会觉得自己受到了威胁。他们的脑海中浮现出两幅画面：一片遭受热病肆虐的国土，一艘可以带他们离开的船，因为他们也可能被列入定义含糊的可疑政客的行列。他们就像当年那些听到罗伯斯庇尔在演说中拿断头台做威胁的国民公会议员一样，感到无比恐惧，并且在这种恐惧的影响下，总是屈服于他。

无休止地夸夸其谈对领袖总会有莫大的帮助。上面提到的那位演说家，能够如此断言而不激起任何强烈反对——银行家和教士资助了扔炸弹的人，大金融公司的总裁应当和无政府主义者一样接受严厉的惩罚。这种断言总能煽动群体。断言再激烈、声明再可怕都没问题。这是唬住群体最有效的话术。在场没人敢提出异议，因为他们担心自己会被当作卖国贼或帮凶。

这种特殊的话术在任何议会中都有碾压性的力量。在危难时刻，它的作用更加明显。从这个角度看，法国大革命时期那些大演说家在各种集会上所做的演讲是十分有意思的。在每时每刻，他们都认为自己有义务谴责罪恶，颂扬美德，继之以破口大骂暴君，并宣誓“不自由，毋宁死”。而在场的人全都站起来，热烈地鼓掌，冷静下来之后再回到自己的座位。

也有智商高且受过高等教育的领袖，但是通常情况下，这些品质对他弊大于利。通过展示事情有多么复杂，通过解释和促进理解，智慧总会使他的主人变得宽宏大量，并在很大程度上削弱信徒所需要的信念的强度和烈度。在任何一个时代，特别是在大革命时期的伟大群体领袖，头脑都是非常狭隘的；但正是这些思想最狭隘的领袖，能给群体最大的影响力。

他们中最有名的罗伯斯庇尔的演说，其自相矛盾常常让人震惊。单看这些演说词实在让人难以理解，这个手握大权的独裁者为何会有如此大的影响力。

老生常谈的常识，糊弄孩子时所运用的最平常的拉丁文化……即便在攻击和辩护时，也只能够应付小学生的挑衅。演讲没有思想，没有韵律感，没有任何切中要害的讥讽，只有令我们嗤之以鼻的疯狂断言。只要看过一遍这种乏味的演讲稿，都不免会和德穆兰一样仰天长叹一声。

想到极端狭隘的思想和强烈的信念结合，会给一个人带来多大威望，就让人觉得不寒而栗。然而，一个人要忽视障碍，并表现出极高的意志力，上述条件是必须要满足的。群体会本能地认为，一个能量充沛、有强烈信念的人，才是他们永远需要的主人。

在议会中，演说的成功几乎完全取决于演讲者所拥有的威望，而与演说者提出的论证毫无干系。最能证明这一点的就是，一旦演说者因为某种原因失去他的威望，他便同时失去了自己所有的影响力，也即按自己意愿影响投票的能力。

当一个不知名的演说者发表了一篇演讲，其中包括很优秀的论证，但只有论证，那么他很可能被听而不闻。深谙群体心理学智慧的众议员德索布先生，最近用一段话描述了一位缺乏威望的众议员：

他走上讲台，从公文包里拿出演讲稿，慢条斯理地摆在自己面前，然后自信满满地发起了言。

> 他自吹自擂，他能让听众对使他本人感到兴奋的观念深信不疑。他反复陈述自己的理由，他罗列各种数字和证据，他确信他能让听众信服。他所引用的证据，没有人能驳倒。他开始时对自己事业的正义性充满信心，寄希望其他议员会全神贯注，在真理面前俯首帖耳。
>
> 他开始演讲了，但马上惊讶地发现台下仍然骚动不安，各个角落里传来的窃窃私语让他感到有点恼怒。
>
> “他们为什么不能安静下来？为什么对我的发言丝毫不感兴趣？那些还在交头接耳的议员都在想些什么？什么紧要的事让那个议员离开了自己的座位？”一丝不安的神情掠过他的脸庞。他皱了皱眉头，停了下来。在议长的鼓励下，他又开口了，抬高了嗓门。人们只会更加不听他的话。他不断加重自己的语气，并且做出各种手势。台下噪声越来越大。他再也听不清自己的话，于是又停下来。最后，因为害怕自己的沉默会招来其他议员的那句可怕的“闭嘴！”，他又开始说起来了。台下的吵闹声变得难以忍受。

当议会群体达到一定的兴奋程度，会和普通的异质性群体一样，情感走向极端。这时候，他们可能做出最伟大的英雄主义壮举，也可能做出最穷凶极恶的事情。个人已经完全不再是他自己，结果可能是，他会投票赞成对自己个人利益最不利的措施。

法国大革命的历史充分说明了，议会能在多大程度上丧失自我意识，被那些完全违背自己利益的建议牵着鼻子走。对贵族来说，放弃自己的特权是个巨大的牺牲，可是在制宪会议召开的那个著名夜晚，他们毫不犹豫地这样做了。放弃自己高人一等的权力，会使得他们处在永恒的死亡威胁下，但他们仍然采取了这一步，并且不害怕对自己的阶层下手，尽管他们清楚地意识到，今天他们可以亲手把自己的同伙送上断头台，明天可能就轮到自己。事实是，他们已经完全进入了那种无意识的状态，没有什么想法能阻止他们屈服于那些早已控制住他们的暗示。

关于这点，比劳-凡尔纳的回忆录中的一段话，提供了典型例证。他说："两天前，甚至一天前还被我们严厉抨击的提议，今天却得到了一致的赞成通过，而造成这种反转的唯一原因就是危机。"再没有比这更正确的说法了。

在所有情绪激昂的议会会议上，都能看到类似的无意识现象。泰纳曾说：

> 他们批准并颁布了一些他们心怀恐惧的措施，这些措施不但愚蠢透顶，还是犯罪，而且会导致滥杀无辜，甚至滥杀他们的亲朋的行为。

在右派的支持下，左派一致在最热烈的掌声中将他们的天然首领，这场伟大革命的发动者和领导者丹东，送上了断头台。而在左派的支持下，右派一致在最热烈的掌声中投票通过了革命政府最恶劣的法令。最后，在一片热烈的叫喊声和热情洋溢中，在对德布瓦、库车和罗伯斯庇尔等人的爱国热情的赞扬声中，他们一致支持改选，让杀人成性的政府掌管了至高无上的统治权。平原派痛恨它，因为它杀人成性；山岳派痛恨它，因为它草菅人命。但最后，不论是平原派还是山岳派，多数派还是少数派，全都为相互残害出力。牧月22日，议会全体一致同意将自己的命运交给刽子手；热月8日，罗伯斯庇尔的最后一次演讲一结束，议会又旧戏重演，亲手将这位暴君送上了断头台。

这幅图景可能看来令人沮丧，但它是准确的。议会兴奋和被催眠到一定程度，就体现出群体的同样特点。他们变得极度不稳定，任由各种冲动所驱使。《文学报》刊载了一位坚定的民主信仰者斯布勒尔先生关于1848年议会的描述，非常有代表性。它提供了一个例子，说明了群体所特有的情感夸张的特征，以及使得议会每时每刻在对立情感之间横跳的善变特征。

> 因为分裂、嫉妒和猜疑，以及盲目的自信和无节制的希望，共和派让自己走向了毁灭。他们的简单和天真可以媲美其普遍怀疑的态度。他们目无法纪，毫无纪律意识，伴随着无尽的恐怖和幻想，在这些方面，他们与农民和孩子无异。他们非常冷漠，也在同等程度上缺乏耐心。他们的残暴与温顺不相上下。这是性格不成熟和缺乏教养的自然产物。
>
> 没有什么事情让他们吃惊，任何事情都使他们不安。他们也许恐惧得发抖，也许勇敢得如同英雄。他们可能赴汤蹈火，或者从阴影中逃走。他们不在乎前因后果，也无视事物之间的关系。他们忽然灰心丧气，又忽然充满斗志。惊慌轻而易举就能俘虏他们，他们要么过于紧张，要么过于沮丧，但是从来都不会有恰到好处的情绪状态。他们比流水更易变，常常头脑混乱，行为无常。我们能指望他们为我们建立怎样的政府基础呢？

幸运的是，上面描述的这些特点并不会始终表现出来。议会只在某些特定的时刻才会成为群体。而大多数情况下，组成议会的成员仍然保持自己的个性。这正是议会能制定出那些出色法律的原因。确实，这些法律都是法律专家安静地坐在自己的书房里拟订而成的。事实上，议会表决的法律是个人的成果，而非议会的成果。这样的法律自然是最好的。只有当人们给它添上一系列修正案，从而将它变成集体努力的成果时，才有可能导致灾难性的后果。不论其性质如何，群体的成果总要比单独个人的成果低劣。是专家阻止议会通过一些不明智或不可行的政策。在这样的情况下，他们是群体暂时的领袖；议会影响不到他们，而他们可以对议会产生影响。

尽管议会在运行的过程中存在这么多困难，但迄今为止，它是人们发现的最好的政府形式，尤其是摆脱个人专制统治枷锁的最好手段。无论如何，对于哲学家、思想家、作家、艺术家和众多有教养的人——一句话，对于那些构成一个文明精粹的人——来说，它无疑构成了理想的政府。

此外，在现实中，议会制度会造成两种严重的危险，一是不可避免地浪费财政，二是不断地限制个人自由。

第一种危险是紧迫情况和当选群体缺少远见的必然结果。如果有个议员提出一项明显符合大众理念的措施，例如，立法给所有工人发放养老金，给所有级别的政府职员加薪，那么，其他议员作为选民强大暗示的受害者，绝对不敢无视选民利益反对这项提案。尽管他们清楚地知道，这是在给财政预算增加新负担，并必然会导致新税收的出现。他们毫不犹豫地投票赞成。增加开支的后果是遥远的，不会给他们个人带来不利后果。但如果投反对票的话，下次竞选连任的时候就会清楚地显露出恶果来。

造成财政超支的除了上面的原因外，还有另一个同等重要的原因，即必须投票赞成一切有利于地方利益的拨款的提议。议员不能反对这类拨款提议，因为它们同样代表了选民的迫切需求，而且每个议员只有同意同僚提出的拨款要求，才能为自己选区争取到类似拨款。①

上面提到的第二种危险，议会不可避免地会限制个人的自由，看起来似乎不那么明显，却是非常真实存在的。它源

---

① 1895 年 4 月 6 日的《经济学家》刊登了一篇有趣评论，阐述了纯粹出于选举考虑而产生的巨大开支，特别是铁路方面的开支。为了让兰盖耶斯（一个有 3000 名居民的山顶小镇）与佩伊连接起来，议员们投票通过了一项耗资 1500 万法郎的铁路计划。另有 700 万用于将博蒙特（3500 名居民）与萨拉兹堡连接起来，700 万用于将乌斯村（523 名居民）与塞克斯村（1200 名居民）连接起来，600 万用于将普拉德与奥莱特村（747 名居民）连接起来，等等。仅在 1895 年，就投票通过了仅仅关系到地方利益的 9000 万法郎铁路预算。
其他出于竞选考虑的重要支出也不少。根据财政部部长的说法，关于工人养老金的法案，很快就会让国家每年至少要多支出 1.65 亿欧元。而根据院士勒鲁瓦 - 波利厄的分析，则将达到 8 亿。显然，这种支出的持续增长必将以破产告终。许多欧洲国家——葡萄牙、希腊、西班牙、土耳其——已经达到了这一阶段，而意大利等其他国家很快也将步其后尘。不过，无须对这种情况太过惊慌，因为公众已经逐渐同意，不同国家的国债支付减少五分之四。这种巧妙的破产方法会使难以平衡的预算立即恢复平衡。此外，在文明正在经历的普遍解体时代，战争和经济冲突必然会带来大量灾难，我们必须接受勉强糊口的生活，而不必过分担心我们无法控制的未来。

于议会认为自己有义务通过的无数法律——它们总是一种限制性行为。由于短视，议会对这些措施的后果总是一叶障目。

这种危险确实是不可避免的，就连英国本身也难以幸免，尽管英国无疑有着最民主的议会体制，议员能最大限度独立于他的选民们。赫伯特·斯宾塞曾在一本很早以前的著作中指出，表面自由的增加必然伴随着真正自由的减少。在他的作品《个人与国家》一书中，他再次表达了他对英国议会的看法：

> 我指出，这一时期以来的立法一直遵循这一路线。迅速增加的独裁政策通过两种方式，不断地倾向于限制个人自由。首先，每年都有大量法律条文被制定出来，在一些过去完全自由的事情上对公民施加限制，强迫公民做一些过去他们可做可不做的事情。同时，日益沉重的公共财政负担，尤其是地方上的财政负担，会进一步限制公民的自由，减少公民能自由支配的收益份额，扩大政府从公民收入中征用和支配的部分。

斯宾塞没有指出的是，这种与日俱增的对个人自由的限制，在各个国家表现出的形式不一。大量涉及普遍性限制的法令的通过，必然会增加负责实施它们的公职人员的数量、权力和影响。这些官员往往以这种方式变成文明国家的真正主人。他们的权柄极大，因为在政权不断更迭的过程中，只有行政阶层不受这些变化的影响，只有他们不需要承担责任，是不涉及人格的、持久不变的。没有哪种专制统治能比其代表的制度更暴虐了。

不断制造各种限制性法律条文，将最微不足道的生存行为用最复杂的条条框框来规范，这必然会让公民自由活动的空间变得越来越小。由于深受这一谬论——保障自由与平等的最好办法就是制定尽可能多的法律——的影响，各国每天都在同意给自己增加难以忍受的枷锁。他们接受这些法规，并非没有代价。由于习惯于忍受每一种束缚，他们很快变得渴望被奴役，失去了所有的自发性和活力。他们如同虚幻的影子，消极、顺从、毫无生气。

到了这一步，个体注定要向外寻找在自己身上再也找不到的力量。随着公民的冷漠和无助感的增强，政府只能也必然会同步增长。它们必须表现出个体所缺乏的主动性、创新性和指导精神。它们必须承担一切，领导一切，保护一切。国家变成了全能的主体。但经验表明，这个主体既不持久，也不很强大。对于很多民族来说，尽管表面上的众多许可让他们有“自己拥有一切自由”的幻觉，但其实已经受到越来越多的限制了。就像任何一项具体制度衰败后的结果一样，这至少也是它们衰败后的结果。这是至今没有哪个文明能逃脱的衰退阶段的征兆。

根据过去的教训和各方面都引人注目的种种迹象来判断，我们的某几个现代文明已经走到了衰退前的极端老年阶段。看起来，所有民族都不可避免地要经历相同的生存阶段，因为历史总在重演。

简洁地介绍文明演化的这些共同阶段并不难，我将以对它们的概述来结束本书。这种简要的概括也许有助于大家理解目前群体大权在握的原因。

如果我们根据历史的主线去寻找过去那些伟大文明兴衰的原因，会发现什么？

在文明诞生之初，不同来源的人们，由于移民、入侵和政府的原因聚集在一起。这些人有着不同的血统、语言和信仰，他们之间唯一的共同纽带就是首领的或多或少被认可的法令。群体的心理特征，在这些混乱人群中表现得十分突出。他们有群体的短暂凝聚力，群体的英雄主义，群体的弱点，群体的冲动，以及群体的暴力。与他们有关的任何事物都不稳定。他们就是野蛮人。

时间流逝，随着环境的一致、种族的反复融合、共同的生活必需品，众多互异的小单位开始融合成一个整体，形成一个种族，也就是说，一个有着共同特征和情感的群体。遗传赋予他们越来越大的稳定性。群体已经变成了一个民族，从野蛮状态中走出来。

但是，只有经过长期努力，不断重复的斗争，以及无数次的重复开始，才能完全实现这个理想。这个理想的性质并不重要，无论是对罗马的崇拜、雅典的强盛，还是真主安拉的胜利，都能赋予正在形成中的种族以相同的情感和思想。

在这个阶段，一种新文明，连同它的制度、信仰和艺术，诞生了。在追求理想的过程中，这个种族将慢慢获得一系列必要的品质，这些品质会带给它辉煌、活力与壮丽。毋庸置疑，有时候，它仍然是乌合之众。但从今以后，在群体的流动和善变特征之下，还有一个稳固的基础，也就是种族的秉性。它将一个国家的变化限制在狭小的范围内，并支配着偶然性发挥的作用。

当时间完成自己的创造性工作之后，便开始了破坏性工作，不论是神灵还是人都难以逃脱。当一种文明达到一定程度的力量和复杂性，就会停止增长，而一旦停止增长，它就注定会迅速衰落。衰落的时刻已经到来。

这个不可避免的时刻，一个标志就是作为种族支柱的理想的衰弱。随着它的衰弱，它所激发的宗教、政治和社会结构也开始动摇。

随着理想的逐渐消亡，那些赋予种族凝聚力、团结和力量的品质也日渐消失。个人的个性和智力可能会上升，但同时，种族的集体自我意识却会被过度发展的个人自我意识取而代之，并伴有性格的弱化和行动能力的减少。曾经构成一个民族、一个联合体、一个整体的东西，最终变成了缺乏凝聚力的独立个体的集体，只是因为传统和制度而在一段时间内被人为地捏合在一起。在这个阶段，人们因彼此的利益和愿望而四分五裂，再也无力实行自治，在最微小的行动上也需要引导，而国家得以施加绝对的影响力。

随着旧理想的明确丧失，种族的秉性也完全消失了。它只不过是一群孤立的个人，回归到了它的原始状态，即一群乌合之众。它没有一致性，没有未来，具有群体的所有短暂性特征。它的文明毫无稳定性，随波逐流。民众的权力变得至高无上，野蛮风气盛行。这个文明也许依然光辉灿烂，因为它拥有久远的历史留给它的漂亮外表，但事实上它早已是一座岌岌可危的大厦了，没有任何支撑和依靠，注定将在第一场风暴中土崩瓦解。

这就是一个民族的生命循环：为了追求理想，从野蛮状态进入文明状态，之后，当这个理想失去其积极面，文明也走向衰落和死亡。